# 瞬变电磁场点微元响应问题

薛国强　闫　述　周楠楠　王贺元　著

科学出版社
北　京

## 内 容 简 介

为提高瞬变电磁法对地探测的精度，作者近年来开展了时变电磁场点微元响应解析问题的研究。本书介绍了作者在该领域的部分研究成果，主要包括：经典勘探电磁学中的偶极子微元解析响应问题，偶极子假设条件下的误差分析，时变点电荷响应解析式推导，大尺度源瞬变电磁点电荷载流微元响应解析问题等。

本书不仅可作为勘探电磁场精细测量方面的应用研究的指导依据，还可供大中专院校固体地球物理、地球探测与信息技术、工程勘查技术等专业师生、科研单位研究人员以及生产单位工程技术人员参考使用。

**图书在版编目(CIP)数据**

瞬变电磁场点微元响应问题／薛国强等著．—北京：科学出版社，2017.5（2017.12 重印）

ISBN 978-7-03-052758-5

Ⅰ．①瞬…　Ⅱ．①薛…　Ⅲ．①暂态特性-电磁场-研究　Ⅳ．①O441.4

中国版本图书馆 CIP 数据核字(2017)第 102874 号

责任编辑：张井飞／责任校对：李　影

责任印制：肖　兴／封面设计：耕者设计工作室

科学出版社 出版

北京东黄城根北街 16 号

邮政编码：100717

http://www.sciencep.com

中国科学院印刷厂 印刷

科学出版社发行　各地新华书店经销

*

2017 年 5 月第 一 版　开本：720×1000　1/16

2017 年 12 月第二次印刷　印张：9

字数：173 000

**定价：98.00 元**

（如有印装质量问题，我社负责调换）

# 前　言

瞬变电磁法(Transient Electromagnetic Method,TEM)是一种建立在电磁感应原理基础上的时间域人工源电磁探测方法。在金属、非金属矿勘探,工程勘探,地热及环境勘探等方面得到了极其广泛的应用,在煤田水文地质勘探和高速公路设计选线阶段煤矿采空区勘探领域,已经成为首选方法。

三维数值计算、高性能装备研发、数据处理和解释及视电阻率精细定义是瞬变电磁的研究热点,并取得了一些研究成果。但瞬变电磁法探测精度依然存在较大的提升空间,对地下纵向电性异常的分辨能力较差,探测深度有限,困扰这一方法发展的主要理论及技术问题有场点响应的精确解,场点视电阻率定义,瞬变电磁法的记录准则,瞬变电磁 TE、TM 场的综合利用,三维反演,弱信息增强等,其中,理论上的核心问题主要是瞬变电磁场响应精确解问题。

经典的瞬变电磁场响应计算大多从偶极子假设出发,将接地导线源看作电偶极子源,将矩形回线源看成电偶极源或者磁偶极源,利用偶极子源公式对瞬态场的响应特征进行正演计算分析,为瞬变电磁场研究提供理论基础,也切实体现了位于晚期(远区)情况下的瞬变电磁场的分布情况。但对于在近区进行观测的回线源装置,需要将回线源进行分割,以更小的电流元作为偶极子沿回线周围进行积分。虽然这种偶极子叠加方式进一步增加了正演计算结果的可靠性,减小了正演场与实际场的差别,但这种处理仍然不够彻底,以偶极子场为被积函数的面积分和线积分不能恢复偶极子场近似计算时忽略的高阶项误差,不能给出场的精确分布,尤其是不能很好地反映位于近区的矩形回线源测点。

对于瞬变电磁研究中存在的场解精确性问题,作者力图从静电场、恒定电流场、谐变场和瞬变场出发,对偶极源近似进行分析,定量化计算偶极源近似引起的相对误差。

为进一步减小偶极子近似引起的相对误差,提高瞬变电磁场点响应的计算精度,作者提出基于点电荷载流微元的计算方法。理论上,点电荷是电磁场的真正微元,电偶极子源辐射仅是点电荷辐射的一个特例。基于这种点电荷微元电磁场理论实质,可以考虑求取点电荷微元电磁场的直接时域解,即以时变点电荷微元代替偶极子微元,使源真正地微元化,并且不再经过频时变换,直接在时域推导时域瞬变场。

为了加深自身对瞬变电磁法的理解,提高科研业务能力,作者在以往研究的基础上,在众多合作者的支持和研究生的帮助下,编写了本书。第 1 章由薛国强完成,第 2 章由王贺元、薛国强完成,第 3 章由闫述、薛国强完成,第 4 章、第 5 章由周楠楠和闫述完成,第 6 章、第 7 章由周楠楠和王贺元完成,第 8 章由周楠楠完成。全书由薛国强统稿。博士后陈卫营、李海,博士研究生钟华森、侯东洋、陈康、马振军、武欣、张林波等参加了部分编写工作,往届研究生李梅芳、郭伟立、苏艳平、李午阳、崔江伟等参加了部分研究工作和资料处理工作,在此一并表示感谢。

本书得到国家自然科学基金面上项目"基于时变点电荷载流微元的瞬变电磁场理论研究"(41174090)和 2016 年国家科学技术学术著作出版基金资助。

由于作者水平有限,不妥之处在所难免,敬请专家和读者批评指正。

薛国强
2017 年 1 月 25 日于北京

# 目　　录

# 第1章 绪 论

## 1.1 瞬变电磁场解析问题研究进展

瞬变电磁法(Transient Electromagnetic Method,TEM)是一种建立在电磁感应原理基础上的时间域人工源电磁探测方法。该方法对低阻异常体有更高的灵敏度,可以发射丰富频谱分量的脉冲波形,一次激发便可覆盖探测所需的频段,大大提高了工作效率。特别是TEM的回线源装置,如定源回线、中心回线、重叠回线、分离线圈等,不仅可在岩石裸露的山区、城市街区、煤矿工业广场、村庄等处施工,还可以用来校正可控源音频大地电磁测深、大地电磁测深等频域法和直流电法观测数据的静态偏移。由此TEM在金属、非金属矿勘探,工程勘探,地热及环境勘探等方面得到了极其广泛的应用,在煤田水文地质勘探和高速公路选线阶段煤矿采空区勘探领域中,已经成为首选方法(Geozalez,1979;Spies,1989;Strack et al.,1990;Yan et al.,1997;Hordt and Muller,2000;Zhdanov,2010;Ziolkowski,2010;Xue and Li,2012;Xue et al.,2012b;Xue et al.,2013)。

虽然瞬变电磁近年来得到快速发展,但瞬变电磁法探测精度依然需要得到较大改善,对地下横向异常的分辨能力较差,探测深度有限,依目前技术,还不能完全发挥瞬变电磁法的优势,困扰这一方法发展的主要理论及技术问题有场点响应的精确解、场点视电阻率定义、瞬变电磁法的记录准则、瞬变电磁多分量场的综合利用、三维反演、弱信息增强等,但理论上的核心问题主要是瞬变电磁场精确解问题。

在经典瞬变电磁理论中,通常利用稳恒电流场中的磁偶极子或者静电场中的电偶极子公式,通过比拟得到谐变场的频率域表达式,然后由反傅里叶变换或逆拉普拉斯变换得到电性源或者磁性源响应的时域解,这方面的研究成果集中体现在考夫曼等的经典著作中(Kaufman and Keller,1983;Nabighian,1991)。利用偶极子公式得到电性源或者回线源响应的时域解,为瞬态场的响应特征分析、全期视电阻率研究、波场变换、数值计算等提供了理论基础(Morrison et al.,1969;Wang and Hohmann,1993;Lee et al.,2002;闫述等,2002;王华军和罗延钟,2003;薛国强等,2006a;Xue et al.,2007a;杨云见等,2008)。

瞬变电磁场不仅有早期、晚期之分,还有近区场和远区场之分,虽然近区场的电磁场强度比远区场大得多,但是近区场的不均匀性程度严重,电磁场强度随距离的变化也比较快,给研究和利用近场探测带来一定的困难。然而,不论怎样,由于近源探测时体积效应影响小,分辨能力强,探测深度大,研究近场响应问题十分重要。

### 1.1.1 偶极子微元理论

在经典的瞬变电磁理论中,大多从偶极子假设出发,将矩形回线源看成电偶极源或者磁偶极源,利用偶极子源公式对瞬态场的响应特征进行正演计算分析,为提高计算精度,将矩形回线源进行分割,以更小的电流元作为偶极子沿回线进行积分。对于大尺度源瞬变电磁场的研究, Poddar(1982,1983), Raiche(1987), Goldman 和 Fitterman(1987)给出了三种处理方式:①把矩形回线的面积看成无数个小的垂直磁偶极源的组合,对每个小磁偶极矩产生的场在整个回线面积上进行积分。②取一段回线的边作为电偶极源,对电偶极子的场沿回线积分,通过线积分求得时域电磁场的阶跃响应。只有当线源到测点的收发距足够大时,才能将线源直接看成电偶极子,而在实际测量中,这种条件是很难满足的,因此并不能将回线的各边直接看成电偶极子,解决此问题的方法是将回线各边进一步划分,即将回线的每一边看成由多个水平电偶极子组成,进行线积分后得到场解。③利用磁偶极源与回线源之间的互易原理,对磁偶极源的电场沿回线源进行积分运算,首先得到的是感生电动势,通过进一步的转换得到垂直磁场的表达式。国内学者多以Poddar, Raiche, Ward 和 Hohmann 的回线源公式为基础进行研究。蒋邦远(1998),戚志鹏和李貅(2009),李建平等(2007),周楠楠等(2011)在此基础上将中心回线与大回线源的视电阻率公式或者说资料解释方法在某种程度上统一了起来。

虽然偶极子叠加方式进一步减小了正演计算结果与实际观测场值之间的差别,但这种处理仍然不够彻底,以偶极子场为被积函数的面积分和线积分不能恢复偶极子场近似计算时展开忽略的高阶项,不能给出近源情况下场的精确分布(薛国强等,2011;闫述等,2011;Zhou et al.,2013)。

### 1.1.2 频时变换

根据电流源的发射信号特性的不同,将可控源电磁法分为频域电磁法和时域电磁法。在频域电磁法中,我们观测由时谐电流源引起的电磁响应。对于时域电磁法,由于在时域中求解麦克斯韦(Maxwell)方程比在频域中求解增加了一个时间变量,大大增加了求解难度,通常情况下,为了简化计算难度,采用积分变换的方法,先在变换域求得频域解,然后通过反傅里叶变换或逆拉普拉斯变换得到时域解。时域电磁场的数据可以通过对足够数量频点的频域电磁场数据进行反傅里叶变换得到。除特殊情形外(如均匀半空间表面收发的偶极源),时域电磁场一般无法通过傅里叶变换直接得到解析表达式。因此,研究有效的变换方法成为重中之重。

下面分析几种常见的变换方法。Gaver-Stehfest(G-S)变换是逆拉普拉斯变换的一种,但拉普拉斯域的数据需以双精度存在,并且在时域中并不存在闭合形式的表达式(Gaver,1966;Stehfest,1970);离散傅里叶变换通常和三次样条插值方法一起使用,要求给出有限数量的最佳的间隔频点(Mulder et al. ,2008);线性快速傅里叶变换(FFT)通常需要 $10^5$ 个频点数据,对于多位置的时域计算,该方法过于昂贵;对数 FFT 相对而言要快速得多,但精度稍差(Talman,1978;Haines and Jones,1988;Slob et al. ,2010);延迟谱法(Newman et al. ,1986)将时域信号看作几个系数未知的指数形式的阻尼函数组合。指数阻尼因子同样是未知的,必须通过仔细的选择得到。当频域的系数解决以后,时域信号可以看作一系列的基函数。该方法是主观的,需要加入大量的人机互动。

上述提到的频时变换的方法往往只对有限的接收点有效,目前,还没有一种方法可以实现在大量接收点进行精确的频时变换。另外,从频率域到时间域的转换并不是在一个较宽的频率范围内频率域信号的简单叠加。虽然在某种条件下频域数据可以转换成时域数据,但就一次场对观测结果的影响而言,两者截然不同(Kaufamn and Keller,1983;牛之琏,2007)。以往经由频域到时域的转换,可能会掩盖时域场最本质的属性——因果律。

频域中研究的是稳态的单色波,属于稳态场的范畴,时域中研究的是瞬态场,瞬变电磁场的关键因子是时间,时域场和频域场存在着激发源、场分布等本质的不同。从本质上讲,实践中遇到的电磁问题都是复杂的时变过程,频域谐变场只是一种特定的理想情况。随着时间的变化,瞬变场满足因果律,具有时间遍历性,因此,频域场的理论和方法对于瞬态场的研究并不总是有效的,寻找有效的直接时域方法成为必然趋势。

## 1.2 主要研究内容

针对前面分析的基于偶极子微元的瞬变电磁场解析问题,本书首先分析偶极子近似引起的相对误差,并进一步提出基于时变点电荷载流微元的瞬变电磁研究思路。从真正的基本微元出发,以时变点电荷代替以往的偶极子近似,并且不再经过傅里叶或拉普拉斯变换,直接求解时域瞬变场,提高了瞬变场的计算精度,为进一步提升瞬变电磁的勘探精度打下坚实的理论基础。

本书分为 8 章。

第 1 章主要介绍瞬变电磁场解析问题的研究进展,对制约瞬变电磁场精确解问题进行分析。

第 2 章给出求解点电荷载流微元直接时域电磁场的数理基础,包括微元法及其在瞬变电磁场中的应用、有源麦克斯韦方程对应的阻尼波动方程、非线性微分方程解法、格林(Green)函数法、数学工具介绍等内容。

第3章主要分析静电场、恒定电流场、天线谐变场及瞬变电磁中偶极子微元场的计算公式,对电偶极源瞬变电磁场进行详细分析,这些分析对瞬变电磁的研究具有重要的指导意义。

第4章以勘探电磁学中的偶极子的瞬变电磁场的求解过程为例,分析瞬变电磁场的频时变换求解思路,并指出频时变换可能引起的计算误差。

第5章利用第2章和第3章给出的各种偶极子场的表达式,计算不同偶极子微元近似计算引起的相对误差。分别从静电场、恒定电流场、天线理论辐射场及勘探电磁学谐变场和瞬变场角度,对偶极子近似引起的相对误差进行分析。初步给出当源尺寸不可忽略时的校正系数,校正系数的使用不仅针对发射源,也针对接收装置。针对瞬变电磁场需要进行频时变换的问题,以应用最广的非线性数字滤波为例,分析频时变换带来的误差。最后,分析大尺度源偶极子近似带来的计算误差。

第6章分析点电荷载流微元的物理机制,给出传统谐变场和瞬变场的偶极子源的点电荷解释。

第7章给出全空间二阶线性有源非齐次方程求解的格林函数法求解过程,利用约当引理(Jordan's lemma)和留数定理给出电磁场中常见的达朗贝尔(d'Alembert)方程和扩散方程的格林函数解。对于有耗阻尼波动方程,利用降维法给出方程的格林函数解。在格林函数解的基础上,通过将格林函数直接代入电磁场表达式和引入辅助位函数两种方式推导出点电荷载流微元电、磁场的直接时域解。

第8章对第5章推导的直接时域计算公式进行正确性验证,将点电荷载流微元场的直接时域解与经典电磁学中的近似公式进行对比,验证公式的有效性。进一步推导出实际应用中的回线源的瞬变电磁场的表达式。以圆回线为例,借助互易定理,分别推导出圆回线一次磁场和二次磁场垂直分量的时间导数表达式,与经典电磁学中已有的结论进行对比分析。

# 第2章　数理基础

在进行点电荷载流微元的理论论述之前,首先给出瞬变电磁场相关数理基础,包括时域麦克斯韦方程组及由其推导出来的非线性方程、求解非线性方程格林函数方法、电磁场论散度、旋度和梯度等在具体求解过程中需要用到的数学知识等。本章所述数理基础在求解瞬变电磁场的直接时域解方面是极其重要的。

## 2.1　微元法及其在瞬变电磁场中的应用

### 2.1.1　微元法的基本思想

所谓"微元法"就是将研究对象分割成许多微小的单元,或把物理过程分解成无限多个无限小的部分,从中选取任一"微元"加以分析,通俗地说就是把研究对象分为无限多个无限小的部分,取出有代表性的极小的一部分进行分析处理,再从局部到整体综合起来加以考虑的科学思维方法。利用微元法可以使一些复杂的物理过程用我们熟悉的物理规律加以解决,使所求的问题简单化,可将一些几何、物理等实际问题转化为积分来求解,微元法在数学物理、工程实践等领域有着广泛的用途。

微元法在处理问题时,从对事物的极小部分(微元)分析入手,通过对微元进行叠加等方式解决整体事物。它是一种深刻的思维方法,是先分割逼近,找到规律,再累计求和,达到了解整体的目的。对某事件作整体的观察后,取出该事件的某一微小单元进行分析,通过对微元的细节的物理分析和描述,最终解决整体。例如,分析匀速圆周运动的向心加速度,根据加速度的定义,对圆周运动的速度变化进行微元分析,可以推导出向心加速度的表达式。

微元法是分析、解决物理问题的常用方法,也是从部分到整体的思维方法。该方法可以使一些复杂的物理过程用我们熟悉的物理规律迅速解决,使所求的问题简单化。在使用微元法处理问题时,需将其分解为众多微小的"元过程",而且每个"元过程"所遵循的规律是相同的,这样,我们只需分析这些"元过程",然后再将"元过程"进行必要的数学方法或物理思想处理,进而使问题得以求解。"微元法"选取微元时所遵从的基本原则如下:①可加性原则,由于所取的"微元"最终必须参加叠加演算,所以对"微元"及相应的量的最基本要求是,应该具备"可加性"特征;②有序性原则,为了保证所取的"微元"在叠加域内能够较为方便地获得"不遗漏”“不重复”的完整叠加,在选取“微元”时,就应该注意,按照关于量的某种“序”来选取相应的“微元”;③平权性原则,叠加演算实际上是一种复杂的“加权叠加”。对于一般的“权函数”,这种叠加演算(实际上就是要求定积分)极为复杂,但如果“权函数”具备了“平权性”特征(在定义域内的值处处相等),就会蜕化为极为简单的形式。

### 2.1.2 偶极子假设

所谓偶极子是指相距很近、符号相反的一对电荷或“磁荷”,如由正、负电荷组成的电偶极子。地球磁场可以近似地看作磁偶极子场。在物探中,研究偶极子场是很重要的,因为理论计算表明,均匀一次场中球形矿体的激发极化二次场与一个电流偶极子的电流场等效,某些磁场也可以用磁偶极子场来研究。用等效的偶极子场来代替相应电、磁场的研究,可以简单清楚地得到场的空间分布形态和基本的数量概念,也便于做模型实验。

电偶极子是指两个相距很近的等量异号点电荷组成的系统。电偶极子的特征用电偶极矩 $P=lq$ 描述,其中 $l$ 是两点电荷之间的距离,$l$ 和 $P$ 的方向规定由 $-q$ 指向 $+q$。电偶极子在外电场中受力矩作用而旋转,使其电偶极矩转向外电场方向。电偶极矩就是电偶极子在单位外电场下可能受到的最大力矩,故简称电矩。如果外电场不均匀,除受力矩外,电偶极子还要受到平移作用。电偶极子产生的电场是构成它的正、负点电荷产生的电场之和。有一类电介质分子的正、负电荷中心不重合,形成电偶极子,称为有极分子;另一类电介质分子的正、负电荷中心重合,称为无极分子,但在外电场作用下会产生相对位移,也形成电偶极子。在电介质理论和原子物理学中,电偶极子是很重要的模型,应用有偶极子天线。

磁偶极子是指一个载流的小闭合圆环即一个小电流环,当场点到载流小线圈的距离远大于它的尺寸时,这个载流小线圈就是一个磁偶极子。磁荷观点认为,磁场是由磁荷产生的,磁针的 N 极带正磁荷,S 极带负磁荷,磁荷的多少用磁极强度 $qm$ 来表示。相距 $l$、磁极强度为 $\pm qm$ 的一对点磁荷,当 $l$ 远小于场点到它们的距离时,$\pm qm$ 构成的系统叫磁偶极子。在远离偶极子处,磁偶极子和电偶极子的场分布是相同的,但在偶极子附近,二者场分布不同。

电偶极子假设在天线理论中得到了广泛的应用,麦克斯韦在研究电磁场理论时,将整根导线假设为一个电偶极子,从而求解源点在某远场点处所产生的电磁场强度。同理,在求解中场区或近场区的电磁场强度时,我们应用微元法思想,将整根导线分成若干小段,将每一小段看作一个电偶极子,再次应用电偶极子假设,从而应用时变点电荷理论,直接在空间域和时间域上求解相应场点处的电磁场强度。

### 2.1.3 微元法在瞬变电磁场问题中的应用

在一般电磁理论中,对于介质中的电场或磁场,主要采用电偶极子和磁偶极子的概念,即将极化或磁化后的介质分子看作偶极子,导出结构方程,进一步得到物质中的场方程。应该说,这样做是合理的,因为极化、磁化的偶极子是分子水平上的,对于宏观电磁场,这样得到的场方程是精确的。分子水平上的偶极子近似不会对宏观电磁响应产生影响,但对同属于宏观电磁场的偶极子场源和场点之间需满足远场区条件,近似才能成立。

地球物理电磁分析将载流导线看作偶极子近似,来源于天线理论。例如,将一段载流导线看作天线,导线两端异性电荷的符号作正负交替变化,将电磁波辐射出去。实际上,空间某一点上的点电荷依靠本身的正、负极性变化,同样可以将电磁波辐射出去。天线的偶极子理论是对于接收端处于远区场的远程通信来讲的,这也是早期通信的主要发展方向。当前,随着短距离无线通信,如蓝牙、射频识别等技术的发展,在很多情况下天线已不再作为偶极子看待。

在线性、各向同性、分层均匀介质的假设下,对载流大定源回线和长接地导线取微元后,利用线性介质中场的叠加性进行积分,不仅是电磁学理论中对连续分布的激励源,也是物理学中对连续分布场源(如重力场中的连续质量分布)的通常处理方法。连续分布的场源,无论是体分布、面分布,还是线分布,其体积元、面积元、线段元的极限都是点源。那么,位于空间一点的点电荷随时间作正负变化时能否辐射电磁波?答案是肯定的。实际上,根据麦克斯韦方程中位移电流项可知,不仅电荷随时间作正负变化可以发射电磁波,只要电荷的电量随时间变化,同样可以将电磁波辐射出去。

因此,我们基于微元法思想,用点电荷微元代替偶极子微元,使源真正微元化。运用时域格林函数方法求解电磁场达朗贝尔方程和扩散(热传导)方程,通过严格的数学推导可以给出达朗贝尔方程和扩散方程的精确解析式,利用有源电磁场的阻尼波动方程,通过介质中场的叠加性进行积分,导出电场与磁场的时间域精确表达式,进而求出载流大定源回线产生的瞬变电磁场时间域解析式。

## 2.2 有源麦克斯韦方程对应的阻尼波动方程

均匀、线性、各向同性介质中的有源麦克斯韦方程组为

$$\begin{cases}\nabla \times H = J_0 + \sigma E + \varepsilon \dfrac{\partial E}{\partial t} \\ \nabla \times E = -\mu \dfrac{\partial H}{\partial t} \\ \nabla \cdot H = 0 \\ \nabla \cdot E = \dfrac{\rho_0}{\varepsilon}\end{cases} \tag{2-1}$$

其中,$E$ 表示电场强度(V/m),$H$ 表示磁场强度(A/m),$J_0$ 表示电流强度(A/m$^2$),

$\rho_0$ 表示电荷密度(C/m$^2$);$\varepsilon_0$ 表示介电常数,$\mu$ 表示磁导率。

由麦克斯韦方程组(2-1)推导对应的阻尼波动方程,其过程如下:

对式(2-1)第一式两边取旋度得到

$$\nabla \times \nabla \times H = \nabla \times J_0 + \sigma \nabla \times E + \varepsilon \nabla \times \frac{\partial E}{\partial t}$$

即

$$\nabla \times \nabla \times H = \nabla \times J_0 + \sigma \nabla \times E + \varepsilon \frac{\partial}{\partial t} \nabla \times E \tag{2-2}$$

将式(2-1)第二式代入上式得

$$\nabla \times \nabla \times H = \nabla \times J_0 - \mu\sigma \frac{\partial H}{\partial t} - \varepsilon\mu \frac{\partial^2 H}{\partial t^2}$$

利用恒等式

$$\nabla \times \nabla \times H = \nabla (\nabla \cdot H) - \nabla^2 H$$

及式(2-1)第三式得

$$-\nabla^2 H = \nabla \times J_0 - \mu\sigma \frac{\partial H}{\partial t} - \mu\varepsilon \frac{\partial^2 H}{\partial t^2}$$

即

$$\nabla^2 H - \mu\sigma \frac{\partial H}{\partial t} - \mu\varepsilon \frac{\partial^2 H}{\partial t^2} = -\nabla \times J_0 \tag{2-3}$$

对式(2-1)第二式两边取旋度得到

$$\nabla \times \nabla \times E = -\mu \nabla \times \frac{\partial H}{\partial t} = -\mu \frac{\partial}{\partial t}(\nabla \times H)$$

将式(2-1)第一式代入上式得

$$\nabla \times \nabla \times E = -\mu \frac{\partial}{\partial t}\left[J_0 + \sigma E + \varepsilon \frac{\partial E}{\partial t}\right] = -\mu \frac{\partial J_0}{\partial t} - \mu\sigma \frac{\partial E}{\partial t} - \mu\varepsilon \frac{\partial^2 E}{\partial t^2}$$

利用恒等式

$$\nabla \times \nabla \times E = \nabla (\nabla \cdot E) - \nabla^2 E$$

及式(2-1)第四式得

$$\nabla \left(\frac{\rho_y}{\varepsilon}\right) - \nabla^2 E = -\mu \frac{\partial J_0}{\partial t} - \mu\sigma \frac{\partial E}{\partial t} - \mu\varepsilon \frac{\partial^2 E}{\partial t^2}$$

即

$$\nabla^2 E - \sigma\mu \frac{\partial E}{\partial t} - \mu\varepsilon \frac{\partial^2 E}{\partial t^2} = \mu \frac{\partial J_0}{\partial t} + \nabla \left(\frac{\rho_0}{\varepsilon}\right) \tag{2-4}$$

这是由有源麦克斯韦方程导出的两个矢量阻尼波动方程,在天线理论和瞬变电磁测深的理论与工程实践中有重要应用。当场变化很快或介质电阻率趋于无穷时,一阶微商项可以忽略,方程变为纯波动型方程,这时电磁场按波动规律传播;相反,当场变化比较慢且在良导介质中传播时,二阶微商项可忽略,方程变为热传导型方程,这时电磁场按扩散(热传导)规律传播;当介于这两种情形之间时,电磁场传播规律相对比较复杂。通过(2-3)和(2-4)这两个方程,利用时域格林函数法可直接求出电场和磁场的场量值,进而在给定场源情况下通过积分求出任意场点处电磁场的总量值。

## 2.3 非线性微分方程解法

求解非线性微分方程分为解析法和数值法。解析法是利用解析式表示函数,并应用数学推导、演绎去求解数学模型的方法。数值法是把连续的非线性微分方程及初边值条件离散为线性方程组并加以求解,包括有限元法、差分法和谱方法等。

有限元法是一种工程物理问题的数值分析方法,根据近似分割和能量极值原理,把求解区域离散为有限个单元的组合,研究每个单元的特性,组装各单元,通过变分原理,把问题化成代数方程组求解。

差分法也是求微分方程和积分微分方程数值解的方法之一。其基本思想是把连续的定解区域用有限个离散点构成的网格来代替,这些离散点称作网格的节点;把连续定解区域上的连续变量的函数用在网格上定义的离散变量函数来近似;把原方程和定解条件中的微商用差商来近似,积分用叠加和来近似,于是原微分方程和定解条件就近似地代之以代数方程组,即有限差分方程组,解此方程组就可以得到原问题在离散点上的近似解。然后再利用插值方法便可以从离散解得到定解问题在整个区域上的近似解。

谱方法起源于 Ritz-Galerkin 方法,它是以正交多项式(三角多项式、切比雪夫多项式、勒让德多项式等)作为基函数的 Galerkin 方法、Tau 方法或配置法,它们分别称为谱方法、Tau 方法或拟谱方法(配点法),通称为谱方法。谱方法是以正交函数或固有函数为近似函数的计算方法。从函数近似角度看,谱方法可分为傅里叶方法,切比雪夫或勒让德方法。前者适用于周期性问题,后两者适用于非周期性问题,而这些方法的基础就是建立空间基函数。

求解非线性方程的解析方法主要分为两类,即频谱分解法和脉冲分解法。

(1)频谱分解法:把源、边界扰动或初始扰动等主动因素按某种完备的基本信号(频谱)分解,然后考察这些基本信号系引起的运动,最后把这些运动综合起来便是线性系统的运动。频谱分析方法处理的关键是基本信号系的选择,随处理系统的不同而不同,一般以选择系统的本征信号系最为方便,也可以选择完备的基本信号系,但这种分解往往导致问题的复杂化。频谱分解的核心问题是正交展开,特别是本征函数系的正交展开。频谱分解法可以分为空间频谱分解和时间频谱分解,谱又分为分离谱和连续谱,主要有分离变量法和积分变换法(频时变换)。

(2)脉冲分解法:一种线性分解-综合方法,即把源、边界扰动或初始扰动等主动因素按一种特殊的基本信号系——脉冲信号系分解,然后考察脉冲信号引起的冲动,最后把这些运动综合起来便是所求线性系统的运动。脉冲又称点源。脉冲分解法把时间脉冲、空间脉冲、时空脉冲、初始脉冲、边界脉冲等以统一的观点处理,又称为点源叠加法,主要有杜哈美尔法和格林函数法。

## 2.4　求解非线性方程的格林函数法

### 2.4.1　格林函数及其性质

1. 格林函数简介

从物理上看,一个数学物理方程是表示一种特定的“场”和产生这种场的“源”之间的关系。例如,热传导方程表示温度场和热源之间的关系,泊松方程表示静电场和电荷分布的关系等。这样,当源被分解成很多点源的叠加时,如果能设法知道点源产生的场,利用叠加原理,我们可以求出同样边界条件下任意源的场,这种求解数学物理方程的方法就叫格林函数法,而点源产生的场就叫格林函数。

格林函数法是数学物理方程中一种常用的方法。格林函数又称为源函数或影响函数,是英国人格林于 1828 年引入的。

物理学中单体量子理论所使用的格林函数,其定义稍有扩充,可以包括外场及杂质势等。单格林函数在无序体系研究中有重要应用,例如,用平均矩阵近似、相干势近似求态密度。

多体量子理论的格林函数自 20 世纪 60 年代以来已成为凝聚态理论研究的有力工具。目前物理当中格林函数常指用于研究大量相互作用粒子组成的体系的多体格林函数。多体格林函数代表某时某地向体系外加一个粒子,又于他时他地出现的几率振幅。格林函数描写粒子的传播行为,又称为传播子。

为了研究多粒子体系在大于绝对零度时的平衡态行为,引入了温度格林函数。由于温度的倒数和虚时间有形式上的对应,温度格林函数也称为虚时间格林函数。为了研究多粒子体系在大于绝对零度时的非平衡态行为,引入了时间格林函数及闭路格林函数。在量子场论中计算具体物理过程的矩阵元时,也常出现格林函数,其物理意义也是代表粒子传播的几率振幅。

2. 格林函数性质

(1)由于场点与源点的对称性和时间反方向性,格林函数可表示为

$$G(r;r') = G(r',r) \tag{2-5}$$

$$\begin{aligned} G(r,t;r',t') &= G(r',t;r,t') = G(r',-t';r,-t) \\ &= G(r,t-t';r',0) \end{aligned} \tag{2-6}$$

其中,$r$ 表示源点位置,$r'$表示场点位置。

(2)奇性与空间维数有关:

以非齐次亥姆霍兹方程的格林函数为例,在三维空间,有

$$G(r;r') \approx \frac{1}{4\pi|r-r'|} \quad (|r-r'| \ll 1) \tag{2-7}$$

在二维空间,有

$$G(\rho;\rho') \approx \frac{1}{2\pi}\ln\frac{1}{|\rho-\rho'|} \quad (|\rho-\rho'| \ll 1) \tag{2-8}$$

在一维空间,在点 $x = x'$ 处 $G(x;x')$ 是连续的,但 $\frac{\mathrm{d}G(x;x')}{\mathrm{d}x}$ 是不连续的,且有

$$\left.\frac{\mathrm{d}G(x;x')}{\mathrm{d}x}\right|_{x=x'+0} - \left.\frac{\mathrm{d}G(x;x')}{\mathrm{d}x}\right|_{x=x'-0} = -1 \tag{2-9}$$

### 2.4.2 求解非线性方程的格林函数法及其优越性

1. 格林函数法

工程实际中所遇到的数学物理方程基本上都是非齐次的偏微分方程,求这些数学物理方程的解析解是热点问题。目前主要的非齐次线性偏微分方程的求解方法,主要包括分离变量法、格林函数法、驻波法、降维法、傅里叶级数法、傅里叶积分变换法、拉普拉斯变换法、保角变换法、迭代法、变分法、平均法、模拟法等。这些方法各有其特点和应用条件,可以根据方程的类型和定解条件,甚至具体的物理意义加以选择。

格林函数也称为点源影响函数,是数学物理中的一个重要概念。格林函数代表一个点源在一定的边界条件和(或)初始条件下所产生的场,知道了点源所产生的场,就可以利用叠加的方法计算出任意源所产生的场。格林函数方法可以避免复杂的分离变量和级数等大量的运算,由于在求解某些具体问题时有其独特和简捷之处,这种方法日益受到人们的关注。一旦能找到方程的格林函数,方程的解就可以用积分的方法求出,因此用格林函数理论求解数学物理方程的关键是寻求格林函数。

如何才能寻找到合适的格林函数?一般大致可归纳为以下三种情况:①利用冲量定理等方法求解格林函数所满足的非齐次偏微分方程获得格林函数,这种方法仍需要解非齐次偏微分方程。②在物理上常通过傅里叶变换和表象理论相结合的方法寻找格林函数,但是,由于方程的类型、定解条件和具体物理内容的不同,还

没有形成一种求格林函数的普遍适用的方法。③根据偏微分方程的类型、特点和边界形状,凭直观经验采用尝试方法寻找格林函数,一般来说,这种尝试法要寻找到正确的格林函数,除极简单的边界形状外,成功率并不高。引入微分运算的逆运算——积分运算,结合广义函数和复分析理论,尝试用格林函数法求解达朗贝尔方程(波动方程)、扩散方程(热传导方程)等非齐次的偏微分方程。

由于麦克斯韦方程可以通过位函数导出上述几类方程,特别是有源麦克斯韦方程可以直接导出完整的矢量阻尼波动方程,因此格林函数法可以给出麦克斯韦方程的精确解析解。我们通过微分算符的逆算符对 $\delta$ 函数的作用,期望获得一种求解全空间中齐次初始条件下非齐次的偏微分方程格林函数的普遍公式。其基本思路为:将方程右端用 $\delta$ 函数表示成积分形式,通过微分算符的逆算符——积分算符对 $\delta$ 函数的作用,给出非齐次的偏微分方程格林函数的积分形式,利用广义积分、复变函数的一些理论与方法计算出积分,从而给出格林函数的解析形式。这种方法求解过程的步骤和程序较为固定,具有一定的普适性,不但可以求解达朗贝尔方程、扩散方程等非齐次的偏微分方程,而且对其他类型的偏微分方程的求解也具有一定的示范作用,获得了一种齐次初始条件下求解全空间中非齐次偏微分方程格林函数的普适公式。

### 2. 格林函数法的优越性

格林函数法是解某些数学物理定解问题的一种重要工具,一个定解问题,只要求出其相应的格林函数,它的解立刻可用格林函数表示出。格林函数法的独到之处就在于它的解法仅与定解问题所定义之区域形状及边界条件类型有关,而与定解条件及方程自由项所给出的具体函数无关,特别是对一些用分离变量法较难处理的非齐次微分方程的定解问题,格林函数法更能显示出其优越性。

虽然格林函数方法可以避免分离变量和级数等繁杂运算,但无法回避微分运算的逆运算——积分运算,由于积分形式的格林函数是时空无穷限四重广义积分,对这种广义积分而言,我们把时空分开考虑,对空间三重积分需要利用球坐标化为一维无穷限广义积分,再利用约当引理化为闭合回路上的积分,然后利用留数定理及广义积分的一些结果才能求出最后结果。其中约当引理条件可能不满足,因而导致约当引理无法应用,此时必须想办法降低约当引理的条件,否则需想其他方法计算广义积分。因此能否给出比约当引理的条件弱的广义约当引理是求解的关键,所以这种格林函数方法既有其优越性,也具有一定的困难性和挑战性。

### 3. 格林函数法的物理意义

格林函数法的物理意义在于:单位强度源(如热源、电荷等)产生场,对所有源的分布及其作用的所有时刻叠加(积分)得到给定时空坐标的场量。场源可以由一个连续的体分布源、面分布源或线分布源产生,也可以由一个点源产生。但是,最重要的是连续分布源所产生的场,可以由无限多个点源在空间所产生的场叠加得到。或者说,知道了一个点源的场,就可以通过叠加的方法算出连续分布源的场。所以,研究点源及其所产生场之间关系的格林函数十分重要。

### 2.4.3　非齐次方程的定解问题及其解的格林函数表示

本节介绍非齐次方程定解问题解的格林函数表示,给出定解问题的解与格林函数的关系。

1. 全空间定解问题的解与格林函数

1) 全平面泊松方程

$$\nabla^2 u(\rho) = -f(\rho) \quad (-\infty < x < \infty, -\infty < y < \infty) \tag{2-10}$$

的解可用特殊的泊松方程

$$\nabla^2 G(\rho;\rho') = -\delta(\rho - \rho') \quad (-\infty < x < \infty, -\infty < y < \infty) \tag{2-11}$$

的解给出,即有

$$u(\rho) = \int_{-\infty}^{\infty}\int_{-\infty}^{\infty} G(\rho;\rho')f(\rho')\,\mathrm{d}\rho' \tag{2-12}$$

其中,$u$ 表示位函数。

2) 全空间泊松方程

$$\nabla^2 u(r) = -f(r) \quad (-\infty < x < \infty, -\infty < y < \infty, -\infty < z < \infty) \tag{2-13}$$

的解可用特殊的泊松方程

$$\nabla^2 G(r;r') = -\delta(r - r') \quad (-\infty < x < \infty, -\infty < y < \infty, -\infty < z < \infty)$$

的解给出,即有

$$u(r) = \int_{-\infty}^{\infty}\int_{-\infty}^{\infty}\int_{-\infty}^{\infty} G(r;r')f(r')\,\mathrm{d}r' \tag{2-14}$$

3) 全空间运输问题(包括导热问题和扩散问题等)

$$\begin{cases} u_1(r,t) = a^2\,\nabla^2 u(r,t) + f(r,t) \quad (-\infty < x < \infty, -\infty < y < \infty, -\infty < z < \infty) \\ u\big|_{t=0} = \varphi(r) \end{cases} \tag{2-15}$$

的解可用特殊的运输问题(设 $t'>0$)

$$\begin{cases} \{\, G_t(r,t;r',t') = a^2\,\nabla^2 G(r,t;r',t') + \delta(r-r')\delta(t-t') \\ \quad (-\infty < x < \infty, -\infty < y < \infty, -\infty < z < \infty) \\ G\big|_{t=0} = 0 \end{cases} \tag{2-16}$$

的解表示,即有

$$u(r,t)=\int_{-\infty}^{\infty}\int_{-\infty}^{\infty}\int_{-\infty}^{\infty}G(r,t;r',0)\varphi(r')\mathrm{d}r'$$
$$+\int_{0}^{t}\left[\int_{-\infty}^{\infty}\int_{-\infty}^{\infty}\int_{-\infty}^{\infty}G(r,t;r',t')f(r',t)\mathrm{d}r'\right]\mathrm{d}t' \tag{2-17}$$

4)一维无界区域波动方程

$$\begin{cases}u_{tt}(x,t)=a^2u_{xx}(x,t)+f(x,t)\quad(-\infty<x<\infty)\\ u|_{t=0}=\varphi(x),\quad u_t|_{t=0}=\psi(x)\end{cases} \tag{2-18}$$

的解可用特殊的波动问题(设 $t'>0$)

$$\begin{cases}G_{tt}(x,t;x',t')=a^2\nabla^2G_{xx}(x,t;x',t')+\delta(x-x')\delta(t-t')\quad(-\infty<x<\infty)\\ G|_{t=0}=0,\quad G_t|_{t=0}=0\end{cases} \tag{2-19}$$

的解表示,即有

$$u(x,t)=\frac{\partial}{\partial t}\int_{-\infty}^{\infty}G(x,t;x',0)\varphi(x')\mathrm{d}x'+\int_{-\infty}^{\infty}G(x,t;x',0)\psi(x')\mathrm{d}x'$$
$$+\int_{0}^{t}\left[\int_{-\infty}^{\infty}G(x,t;x',t')f(x',t')\mathrm{d}x'\right]\mathrm{d}t' \tag{2-20}$$

5)全平面波动问题

$$\begin{cases}u_{tt}(p,t)=a^2\nabla^2u(p,t)+f(p,t)\quad(-\infty<x<\infty,-\infty<y<\infty)\\ u|_{t=1}=\varphi(p),\quad u_t|_{t=0}=\psi(p)\end{cases} \tag{2-21}$$

的解可用特殊的波动问题(设 $t'>0$)

$$\begin{cases}G_{u}(\rho,t;\rho',t')=a^2\nabla^2G(\rho,t;\rho',t')+\delta(\rho-\rho')\delta(t-t')\\ \quad(-\infty<x<\infty,-\infty<y<\infty)\\ G|_{t=0}=0,\quad G_t|_{t=0}=0\end{cases} \tag{2-22}$$

的解表示,即有

$$u(r,t)=\frac{\partial}{\partial t}\int_{-\infty}^{\infty}\int_{-\infty}^{\infty}G(\rho,t;\rho',0)\psi(\rho')\mathrm{d}\rho'+\int_{-\infty}^{\infty}\int_{-\infty}^{\infty}G(\rho,t;\rho',0)\psi(\rho')\mathrm{d}\rho'$$
$$+\int_{0}^{t}\left[\int_{-\infty}^{\infty}\int_{-\infty}^{\infty}\int_{-\infty}^{\infty}G(\rho,t;\rho',t')f(\rho',t')\mathrm{d}\rho'\right]\mathrm{d}t' \tag{2-23}$$

6)全空间波动问题

$$\begin{cases}u_{u}(r,t)=a^2\nabla^2u(r,t)+f(r,t)\\ \quad(-\infty<x<\infty,-\infty<y<\infty,-\infty<z<\infty)\\ u|_{t=0}=\varphi(r),\quad u_t|_{t=0}=\psi(r)\end{cases} \tag{2-24}$$

的解可用特殊的波动问题(设 $t'>0$)

$$\begin{cases} G_{tt}(r,t;r',t') = a^2\nabla^2 G(r,t;r',t') + \delta(r-r')\delta(t-t') \\ \quad (-\infty < x < \infty, -\infty < y < \infty, -\infty < z < \infty) \\ G|_{t=0} = 0, \quad G_t|_{t=0} = 0 \end{cases} \tag{2-25}$$

的解表示,即有

$$u(r,t) = \frac{\partial}{\partial t}\int_{-\infty}^{\infty}\int_{-\infty}^{\infty} G(r,t;r',t')\psi(r')\mathrm{d}r' + \int_{-\infty}^{\infty}\int_{-\infty}^{\infty} G(r,t;r',t')\psi(r')\mathrm{d}r'$$

$$\times \int_0^t \left[\int_{-\infty}^{\infty}\int_{-\infty}^{\infty} G(r,t;r',t')f(r',t')\mathrm{d}r'\right]\mathrm{d}t' \tag{2-26}$$

全无界空间上的问题(2-10)、(2-13)、(2-15)、(2-18)、(2-21)、(2-24)的解称为相应问题的基本解或者格林函数。现将这些格林函数给出如下:

(1) $G(\rho,\rho') = \dfrac{1}{2\pi}\ln\dfrac{1}{|\rho-\rho'|}$ (2-27)

(2) $G(r,r') = \dfrac{1}{4\pi|r-r'|}$ (2-28)

(3) $G(r,t;r',t') = \left(\dfrac{1}{2a\sqrt{\pi(t-t')}}\right)^3 \mathrm{e}^{-\frac{|r-r'|^2}{4a^2(t-t')}} \quad (t > t')$ (2-29)

(4) $G(x,t;x',t') = \dfrac{1}{2a}H\left[a(t-t') - |x-x'|\right] \quad (t > t')$ (2-30)

(5) $G(\rho,t;\rho',t') = \dfrac{1}{2\pi a\sqrt{a^2(t-t')^2 - (\rho-\rho')^2}}H\left[a(t-t')-|\rho-\rho'|\right] \quad (t > t')$

(2-31)

(6) $G(r,t;r',t') = \dfrac{1}{4\pi a}\delta\left[|r-r'| - a(t-t')\right] \quad (t > t')$ (2-32)

利用这些格林函数,则式(2-12)、式(2-14)、式(2-17)、式(2-20)、式(2-23)和式(2-26)可以分别写为

(1) $u(\rho) = \dfrac{1}{2\pi}\displaystyle\int_{-\infty}^{\infty}\int_{-\infty}^{\infty} f(\rho')\ln\dfrac{1}{|\rho-\rho'|}\mathrm{d}\rho'$ (2-33)

(2) $u(r) = \dfrac{1}{4\pi}\displaystyle\int_{-\infty}^{\infty}\int_{-\infty}^{\infty}\int_{-\infty}^{\infty} f(r')\ln\dfrac{1}{|r-r'|}\mathrm{d}r'$ (2-34)

(3) $u(r) = \left(\dfrac{1}{2a\sqrt{\pi t}}\right)^3\displaystyle\int_{-\infty}^{\infty}\int_{-\infty}^{\infty}\int_{-\infty}^{\infty}\varphi(r')\mathrm{e}^{-\frac{|r-r'|^2}{4a^2 t}}\mathrm{d}r'$

$$+ \int_0^t \left\{\left(\frac{1}{2a\sqrt{\pi(t-t')}}\right)^3 \cdot \int_{-\infty}^{\infty}\int_{-\infty}^{\infty}\int_{-\infty}^{\infty} f(r',t')\mathrm{e}^{-\frac{|r-r'|^2}{4a^2(t-t')}}\mathrm{d}r'\right\}\mathrm{d}t'$$

(2-35)

(4) $u(r,t) = \dfrac{\varphi(x-at) + \varphi(x+at)}{2} + \dfrac{1}{2a}\|_{x-at}^{x+at}\psi(x')\mathrm{d}x'$

$$+ \frac{1}{2a}\int_0^t \left[\int_{x-a(t-t')}^{x+a(t-t')} f(x',t')\mathrm{d}x'\right]\mathrm{d}t' \tag{2-36}$$

$$(5)\ u(\rho,t)=\frac{1}{2\pi a}\frac{\partial}{\partial t}\iint\limits_{\Sigma_{at}^{\rho}}\frac{\psi(\rho')}{\sqrt{(at)^2-|\rho-\rho'|^2}}\mathrm{d}\rho' + \frac{1}{2\pi a}\iint\limits_{\Sigma_{at}^{\rho}}\frac{\psi(\rho')}{\sqrt{(at)^2-|\rho-\rho'|^2}}\mathrm{d}\rho' + \frac{1}{2\pi a}\int_0^t\left[\iint\limits_{\Sigma_{a(t-t')}^{\rho}}\frac{f(\rho',t')}{\sqrt{a^2(t-t')^2-|\rho-\rho'|^2}}\mathrm{d}\rho'\right]\mathrm{d}t' \tag{2-37}$$

其中，$\sum_{at}^{\rho}$ 是平面上以点 $\rho$ 为中心、以 $at$ 为半径的圆域。

$$(6)\ u(r,t)=\frac{1}{4\pi a}\frac{\partial}{\partial t}\oint\limits_{S_{at}^{r}}\frac{\varphi(r')}{|r-r'|}\mathrm{d}S' + \frac{1}{4\pi a^2}\oint\limits_{S_{at}^{r}}\frac{\varphi(r')}{|r-r'|}\mathrm{d}S' + \frac{1}{4\pi a^2}\iiint\limits_{T_{at}^{r}}\frac{1}{|r-r'|}f\left(r',t-\frac{|r-r'|}{a}\right)\mathrm{d}r' \tag{2-38}$$

其中，$S_{at}^{r}$ 是以点 $r$ 为中心、以 $at$ 为半径的球面，而 $T_{at}$ 是此球面所围的球体。

2. 三维有界空间非齐次亥姆霍兹方程的定解问题与格林函数

记三维有界空间为 $V$，其边界面记为 $S$（边界面微元 $\mathrm{d}S$ 的外法向单位向量记为 $\boldsymbol{n}$）。具有第一类边界条件的定解问题

$$\begin{cases}(\nabla^2+k^2)u(r)=-\rho(r) & (r\in V)\\ u\,|\,S=f(r_0)\end{cases} \tag{2-39}$$

其中，$\rho(r)$ 表示源项，$k$ 是非负常数，$r_0$ 是 $S$ 上的点；下同。式(2-39)的求解可以归结为求解特殊的定解问题

$$\begin{cases}(\nabla^2+k^2)G^{(1)}(r;r')=-\delta(r-r') & (r\in V)\\ G^{(1)}\,|\,S=0\end{cases} \tag{2-40}$$

而原定解问题(2-39)的解则是

$$u(r)=\iiint\limits_{V}G^{(1)}(r;r')\rho(r')\mathrm{d}r'-\iint\limits_{S}\frac{\partial G^{(1)}(r;r')}{\partial n'}f(r')\mathrm{d}S' \tag{2-41}$$

具有第二类边界条件的定解问题

$$\begin{cases}(\nabla^2+k^2)u(r)=-\rho(r) & (r\in V)\\ \left.\dfrac{\partial u}{\partial n}\right|_S=g(r_0)\end{cases} \tag{2-42}$$

的求解可以归结为求解特殊的定解问题

$$\begin{cases}(\nabla^2+k^2)G^{(2)}(r;r')=-\delta(r-r') & (r\in V)\\ \left.\dfrac{\partial G^{(2)}}{\partial n}\right|_S=0\end{cases} \tag{2-43}$$

而原定解问题(2-42)的解则是

$$u(r) = \iiint_V G^{(2)}(r;r')\rho(r')\mathrm{d}r' + \iint_S G^{(2)}(r;r')g(r')\mathrm{d}S' \tag{2-44}$$

具有第三类边界条件的定解问题

$$\begin{cases}(\nabla^2 + k^2)u(r) = -\rho(r) \\ \left[\alpha(r)\dfrac{\partial u}{\partial n} + \beta(r)U\right]\Big|_S = h(r_0)\end{cases} \quad (r \in V) \tag{2-45}$$

(其中 $\alpha$ 和 $\beta$ 是 $S$ 上的已知函数)的求解可以归结为求解特殊的定解问题

$$\begin{cases}(\nabla^2 + k^2)G^{(3)}(r;r') = -\delta(r - r') \\ \left[\alpha(r)\dfrac{\partial G^{(3)}}{\partial n} + \beta(r)G^{(3)}\right]\Big|_S = 0\end{cases} \quad (r \in V) \tag{2-46}$$

而原定解问题(2-45)的解则是

$$u(r) = \iiint_V G^{(3)}(r;r')\rho(r')\mathrm{d}r' + \iint_S G^{(3)}(r;r')\frac{1}{\alpha(r')}h(r')\mathrm{d}S' \tag{2-47}$$

或者

$$u(r) = \iiint_V G^{(3)}(r;r')\rho(r')\mathrm{d}r' - \iint_S \frac{1}{\beta(r')}h(r')\frac{\partial G^{(3)}(r;r')}{\partial n'}\mathrm{d}S' \tag{2-48}$$

这里的 $G^{(1)}(r;r')$ 、$G^{(2)}(r;r')$ 和 $G^{(3)}(r;r')$ 分别称为定解问题(2-39)、(2-42)和(2-45)的格林函数。

### 3. 三维有界空间输运问题和波动问题与格林函数

输运问题

$$\begin{cases}u_t(r,t) = a^2\nabla^2 u(r,t) + f(r,t) \\ \left[\alpha(r)\dfrac{\partial u}{\partial n} + \beta(r)u\right]\Big|_S = g(r_0,t) \quad (r \in V) \\ u|_{t=0} = \varphi(r)\end{cases} \tag{2-49}$$

的求解可以归结为求解特殊的定解问题

$$\begin{cases}G_t(r,t;r',t') = a^2\nabla^2 G(r,t;r',t') + \delta(r - r')\delta(t - t') \\ \left[\alpha(r)\dfrac{\partial G}{\partial n} + \beta(r)G\right]\Big|_S = 0 \quad (r \in V) \\ G|_{t<t'} = 0\end{cases} \tag{2-50}$$

而原定解问题(2-49)的解则是

$$u(r,t) = \int_0^t \left[\iiint_V G(r,t;r',t')f(r',t')\mathrm{d}r'\right]\mathrm{d}t' + \iiint_V G(r,t;r',0)\varphi(r')\mathrm{d}r' + a^2\int_0^t\left[\iint_S G(r,t;r',t')\frac{1}{\alpha(r')}g(r',t')\mathrm{d}S'\right]\mathrm{d}t' \tag{2-51}$$

波动问题

$$
\begin{cases}
u_{tt}(r,t)=a^2\nabla^2u(r,t)+f(r,t) \quad (r\in V)\\
\left[\alpha(r)\dfrac{\partial u}{\partial n}+\beta(r)u\right]\Big|_S=h(r_0,t)\\
u|_{t=0}=\varphi(r),\quad u_t|_{t=0}=\psi(r)
\end{cases}
\tag{2-52}
$$

的求解可以归结为求解特殊的定解问题

$$
\begin{cases}
G_{tt}(r,t;r',t')=a^2\nabla^2G(r,t;r',t')+\delta(r-r')\delta(t-t') \quad (r\in V)\\
\left[\alpha(r)\dfrac{\partial G}{\partial n}+\beta(r)G\right]\Big|_S=0\\
G|_{t<t'}=0
\end{cases}
\tag{2-53}
$$

而原定解问题(2-52)的解则是

$$
u(r,t)=\int_0^t\left[\iiint_V G(r,t;r',t')f(r',t')\mathrm{d}r'\right]\mathrm{d}t'+\iiint_V[G(r,t;r',0)|_{t'=0}\varphi(r')
$$
$$
-G_t(r,t;r',t')|_{t'=0}\varphi(r')]\mathrm{d}r'+a^2\int_0^t\left[\iint_S G(r,t;r',t')\frac{1}{\alpha(r')}h(r',t')\mathrm{d}S'\right]\mathrm{d}t'
\tag{2-54}
$$

这里问题(2-50)和(2-53)的 $G(r,t;r',t')$ 分别称为定解问题(2-49)和(2-52)的格林函数,它们都是时域格林函数。

### 2.4.4　四类数学物理方程格林函数解在电磁场问题中的应用

下面利用有源麦克斯韦方程对应的电磁场矢量阻尼波动方程(2-3)、(2-4)和2.4.3节给出的几类数学物理方程时域格林函数解来求解电磁场问题。

1. 波动方程格林函数解在电磁场问题中的应用

当电磁场变化很快或介质电阻率趋于无穷时,式(2-3)、式(2-4)中一阶微商项可以忽略,完整阻尼波动方程(2-3)、(2-4)变为如下的纯波动形方程,即达朗贝尔方程

$$
\begin{cases}
\Delta E-\mu\varepsilon\dfrac{\partial^2E}{\partial t^2}=\mu\dfrac{\partial J_0}{\partial t}+\nabla\left(\dfrac{\rho_0}{\varepsilon}\right) & (2\text{-}55)\\
\Delta H-\mu\varepsilon\dfrac{\partial^2H}{\partial t^2}=-\nabla\times J_0 & (2\text{-}56)
\end{cases}
$$

这时电磁场按波动规律传播。由第1章求出的达朗贝尔方程

$$
\Delta u-\frac{1}{\nu^2}\frac{\partial^2u}{\partial t^2}=-\frac{\rho(x,t)}{\varepsilon}
$$

的格林函数为

$$
G(\mathrm{x},t;\mathrm{x}',t')=\frac{1}{4\pi}\frac{1}{|\mathrm{x}-\mathrm{x}'|}\delta\left[\frac{|\mathrm{x}-\mathrm{x}'|}{\nu}-(t-t')\right]\quad\left(\frac{1}{\nu^2}=\mu\varepsilon\right)
$$

其中，$\nu$ 表示速度。

得式(2-55)、式(2-56)的格林函数解(即电场和磁场强度)为

$$E(x,t)=-\int\left[\mu\frac{\partial J_0}{\partial t'}+\nabla\left(\frac{\rho_0}{\varepsilon}\right)\right]G(\mathrm{x},t;\mathrm{x}',t')\mathrm{d}^3\mathrm{x}'\mathrm{d}t'$$

$$=-\int\mathrm{d}^3\mathrm{x}'\int\frac{\mu\dfrac{\partial J_0}{\partial t'}+\nabla\left(\dfrac{\rho_0}{\varepsilon}\right)}{4\pi|\mathrm{x}-\mathrm{x}'|}\delta\left[\frac{|\mathrm{x}-\mathrm{x}'|}{\nu}-(t-t')\right]\mathrm{d}t'$$

$$=-\frac{1}{4\pi}\int\frac{\mu\dfrac{\partial J_0\left(\mathrm{x}',t-\dfrac{|\mathrm{x}-\mathrm{x}'|}{\nu}\right)}{\partial t'}+\nabla\dfrac{\rho_0\left(\mathrm{x}',t-\dfrac{|\mathrm{x}-\mathrm{x}'|}{\nu}\right)}{\varepsilon}}{|\mathrm{x}-\mathrm{x}'|}\mathrm{d}^3\mathrm{x}' \tag{2-57}$$

$$H(\mathrm{x},t)=-\int(-\nabla\times J_0)G(\mathrm{x},t;\mathrm{x}',t')\mathrm{d}^3\mathrm{x}'\mathrm{d}t'$$

$$=\frac{1}{4\pi}\int\frac{\nabla\times J_0\left(\mathrm{x}',t-\dfrac{|\mathrm{x}-\mathrm{x}'|}{\nu}\right)}{|\mathrm{x}-\mathrm{x}'|}\mathrm{d}^3\mathrm{x}' \tag{2-58}$$

2. 有源的热传导方程格林函数解在电磁场问题中的应用

当电磁场变化比较慢且在良导介质中传播时，二阶微商项可忽略，波动方程(2-3)、(2-4)变为如下的热传导方程：

$$\begin{cases}\Delta E-\sigma\mu\dfrac{\partial E}{\partial t}=\mu\dfrac{\partial J_0}{\partial t}+\nabla\left(\dfrac{\rho_0}{\varepsilon}\right) & (2\text{-}59)\\ \Delta H-\sigma\mu\dfrac{\partial H}{\partial t}=-\nabla\times J_0 & (2\text{-}60)\end{cases}$$

把其变形为

$$\begin{cases}\dfrac{\partial E}{\partial t}-\dfrac{1}{\sigma\mu}\Delta E=-\dfrac{1}{\sigma\mu}\left[\mu\dfrac{\partial J_0}{\partial t}+\nabla\left(\dfrac{\rho_0}{\varepsilon}\right)\right] & (2\text{-}59)'\\ \dfrac{\partial H}{\partial t}-\dfrac{1}{\sigma\mu}\Delta H=\dfrac{1}{\sigma\mu}\nabla\times J_0 & (2\text{-}60)'\end{cases}$$

这时电磁场按扩散(热传导)规律传播。由第 1 章求出的热传导方程 $\dfrac{\partial u}{\partial t}-a^2\Delta u=f(\mathrm{x},t)$ 的格林函数为

$$G(\mathrm{x},t;\mathrm{x}',t')=-\left(\frac{1}{2a\sqrt{\pi(t-t')}}\right)^3\mathrm{e}^{-\frac{|\mathrm{x}-\mathrm{x}'|^2}{4a^2(t-t')}}\quad\left(a^2=\frac{1}{\sigma\mu}\right)$$

从而得到式(2-59)、式(2-60)的格林函数解(即电场和磁场强度)为

$$E(\mathrm{x},t)=\frac{1}{\sigma\mu}\int\left[\mu\frac{\partial J_0}{\partial t}+\nabla\left(\frac{\rho_0}{\varepsilon}\right)\right]G(\mathrm{x},t;\mathrm{x}',t')\,\mathrm{d}^3\mathrm{x}'\mathrm{d}t'$$

$$=-\frac{1}{\sigma\mu}\int_\Omega \mathrm{d}^3\mathrm{x}'\int_0^t\left(\mu\frac{\partial J_0}{\partial t}+\nabla\left(\frac{\rho_0}{\varepsilon}\right)\right)\left(\frac{\sqrt{\sigma\mu}}{2\sqrt{\pi(t-t')}}\right)^3\mathrm{e}^{-\frac{\sigma\mu|\mathrm{x}-\mathrm{x}'|^2}{4(t-t')}}\mathrm{d}t' \tag{2-61}$$

$$H(\mathrm{x},t)=-\frac{1}{\sigma\mu}\int(\nabla\times J_0)G(\mathrm{x},t;\mathrm{x}',t')\,\mathrm{d}^3\mathrm{x}'\mathrm{d}t'$$

$$=\frac{1}{\sigma\mu}\int_\Omega \mathrm{d}^3\mathrm{x}'\int_0^t(\nabla\times J_0)\left(\frac{\sqrt{\sigma\mu}}{2\sqrt{\pi(t-t')}}\right)^3\mathrm{e}^{-\frac{\sigma\mu|\mathrm{x}-\mathrm{x}'|^2}{4(t-t')}}\mathrm{d}t' \tag{2-62}$$

3. 非齐次亥姆霍兹方程在谐变电磁场问题中的应用

当电磁场为随时间变化的谐变场时，有 $E=E_0\mathrm{e}^{\pm\mathrm{i}\omega t}$，$H=H_0\mathrm{e}^{\pm\mathrm{i}\omega t}$，供给场源的电流是谐变电流，即电磁场矢量阻尼波动方程(2-3)、(2-4)右端项 $J_y=I_0\mathrm{e}^{\pm\mathrm{i}\omega t}$，$I_0$ 为谐变电流的原频率，$t$ 为时间，$E_0$、$H_0$ 分别是电场及磁场的幅值，由于

$$\frac{\partial}{\partial t}=\pm\mathrm{i}\omega\ ,\ \frac{\partial^2}{\partial t^2}=-\omega^2 \tag{2-63}$$

据此，式(2-3)和式(2-4)中的

$$\nabla^2\boldsymbol{E}=-\mu\varepsilon\omega^2E-\mathrm{i}\sigma\mu\omega E=-(\mu\varepsilon\omega^2+\mathrm{i}\sigma\mu\omega)E \tag{2-64}$$

$$\nabla^2\boldsymbol{H}=-\mu\varepsilon\omega^2H-\mathrm{i}\sigma\mu\omega H=-(\mu\varepsilon\omega^2+\mathrm{i}\sigma\mu\omega)H \tag{2-65}$$

令 $k^2=\mu\varepsilon\omega^2+\mathrm{i}\sigma\mu\omega$，则电磁场矢量波动方程(2-3)、(2-4)变为如下亥姆霍兹方程：

$$\Delta E_0+k^2E_0=\pm\mathrm{i}\omega\mu I_0+\nabla\left(\frac{\rho_y}{\varepsilon}\right)\mathrm{e}^{\mp\mathrm{i}\omega t} \tag{2-66}$$

$$\Delta H_0+k^2H_0=\mathrm{e}^{\pm\mathrm{i}\omega t}\,\nabla\times I_0 \tag{2-67}$$

根据第 1 章求出的非齐次亥姆霍兹方程 $\Delta u+k^2u=-f(x)$ 的格林函数为

$$G(\mathrm{x};\mathrm{x}')=\frac{-1}{(2\pi)^2}\frac{1}{\mathrm{i}|\mathrm{x}-\mathrm{x}'|}\cdot2\pi\mathrm{i}\left[\frac{1}{2}\mathrm{e}^{\mathrm{i}k|\mathrm{x}-\mathrm{x}'|}+\frac{1}{2}\mathrm{e}^{-\mathrm{i}k|\mathrm{x}-\mathrm{x}'|}\right]=\frac{-1}{4\pi|\mathrm{x}-\mathrm{x}'|}\cos k|\mathrm{x}-\mathrm{x}'|$$

得式(2-66)、式(2-67)的格林函数解为

$$E_0(\mathrm{x})=-\iiint_{R^3}\left(\pm\mathrm{i}\omega\mu I_0+\nabla\left(\frac{\rho_0}{\varepsilon}\right)\mathrm{e}^{\mp\mathrm{i}\omega t}\right)G(\mathrm{x},\mathrm{x}')\,\mathrm{d}\mathrm{x}'$$

$$=\frac{\pm\mathrm{i}\omega\mu I_0+\nabla\left(\frac{\rho_0}{\varepsilon}\right)\mathrm{e}^{\mp\mathrm{i}\omega t}}{4\pi}\iiint_{R^3}\frac{\cos k|\mathrm{x}-\mathrm{x}'|}{|\mathrm{x}-\mathrm{x}'|}\mathrm{d}\mathrm{x}' \tag{2-68}$$

$$H_0(\mathrm{x})=-\iiint_{R^3}(\mathrm{e}^{\pm\mathrm{i}\omega t}\,\nabla\times I_0)G(\mathrm{x},\mathrm{x}')\,\mathrm{d}\mathrm{x}'$$

$$=\frac{\mathrm{e}^{\pm\mathrm{i}\omega t}\,\nabla\times I_0}{4\pi}\iiint_{R^3}\frac{\cos k|\mathrm{x}-\mathrm{x}'|}{|\mathrm{x}-\mathrm{x}'|}\mathrm{d}\mathrm{x}' \tag{2-69}$$

4. 泊松方程在静电场中的应用

当电磁场为静电场时,设 $u(\mathrm{x}) = u(x,y,z)$ 为静电场的位函数,则有 $E = -\nabla u(x,y,z)$,代入电磁场方程(2-1)第四式得关于电位的泊松方程

$$\Delta u = -\frac{\rho(\mathrm{x})}{\varepsilon} \tag{2-70}$$

根据第 1 章求出的泊松方程 $\Delta u = -\frac{\rho(\mathrm{x})}{\varepsilon_0}$ 的格林函数

$$G(\mathrm{x};\mathrm{x}') = \frac{1}{2\pi^2}\frac{1}{|\mathrm{x}-\mathrm{x}'|}\frac{\pi}{2} = \frac{1}{4\pi|\mathrm{x}-\mathrm{x}'|}$$

得式(2-70)电位的格林函数解为

$$u(\mathrm{x}) = \int \frac{\rho(\mathrm{x}')}{\varepsilon} G(\mathrm{x},\mathrm{x}')\mathrm{d}^3\mathrm{x}' = \int \frac{\rho(\mathrm{x}')}{4\pi\varepsilon|\mathrm{x}-\mathrm{x}'|}\mathrm{d}^3\mathrm{x}' \tag{2-71}$$

则电场强度

$$E = -\nabla u(\mathrm{x}) = -\nabla \int \frac{\rho(\mathrm{x}')}{\varepsilon} G(\mathrm{x},\mathrm{x}')\mathrm{d}^3\mathrm{x}' = -\nabla \int \frac{\rho(\mathrm{x}')}{4\pi\varepsilon|\mathrm{x}-\mathrm{x}'|}\mathrm{d}^3\mathrm{x}' \tag{2-72}$$

## 2.5 数学准备

### 2.5.1 留数定理

1. 留数的定义

设 $l$ 只包围着 $f(z)$ 的一个孤立奇点 $z_0$,在以 $z_0$ 为圆心而内半径为 $l$ 的圆环域上把 $f(z)$ 展为洛朗级数

$$f(z) = \sum_{k=-\infty}^{\infty} a_k (z - z_0)^k$$

在洛朗级数 $f(z) = \sum_{k=-\infty}^{\infty} a_k (z - z_0)^k$ 的收敛环中任取一个紧紧包围着 $z_0$ 的小回路 $l_0$。按照柯西定理

$$\oint_l f(z)\,\mathrm{d}z = \oint_{l_0} f(z)\,\mathrm{d}z$$

把洛朗级数代入上式右边,逐项积分,得

$$\oint_l f(z)\,\mathrm{d}z = \sum_{k=-\infty}^{\infty} a_k \oint_{l_0} (z - z_k)^k \mathrm{d}z$$

据已知公式,上式右边各项除去 $k=-1$ 的一项之外全为 0,而 $k=-1$ 的一项里的积分等于 $2\pi\mathrm{i}$,于是

$$\oint_l f(z)\,\mathrm{d}z = 2\pi \mathrm{i} a_{-1}$$

因此,洛朗级数的 $(z-z_0)^{-1}$ 项的系数 $a_{-1}$ 具有特别重要的地位,并命名为函数 $f(z)$ 在点 $z_0$ 的留数(或残数),通常记作 $\mathrm{Res}f(z_0)$ ,则

$$\oint_l f(z)\,\mathrm{d}z = 2\pi \mathrm{i}\,\mathrm{Res}f(z_0)$$

现在讨论 $l$ 包围着 $f(z)$ 的 $n$ 个孤立奇点 $b_1,b_2,\cdots,b_n$ 的情况,作回路 $l_1,l_2,\cdots,l_n$ 分别紧紧包围着 $b_1,b_2,\cdots,b_n$ 。按照柯西定理

$$\oint_l f(z)\,\mathrm{d}z = \oint_{l_1} f(z)\,\mathrm{d}z + \oint_{l_2} f(z)\,\mathrm{d}z + \cdots + \oint_{l_n} f(z)\,\mathrm{d}z$$

代入上式右边,得

$$\oint_l f(z)\,\mathrm{d}z = z\pi \mathrm{i}[\mathrm{Res}f(b_1) + \mathrm{Res}f(b_2) + \cdots + \mathrm{Res}f(b_n)] \tag{2-73}$$

2. 留数定理

设 $f(z)$ 在围线 $C$ 所围的区域 $D$ 内,除 $z_1,z_2,\cdots,z_n$ 外解析,在闭域 $\bar{D}=D+C$ 内,除 $z_1,z_2,\cdots,z_n$ 外连续,则 $\oint_C f(z)\,\mathrm{d}z = 2\pi \mathrm{i}\sum_{k=1}^{n}\mathrm{Res}(f,z_k)$ ,其中 $\mathrm{Res}(f,z_k)$ 表示奇异点 $z_k$ 处的留数。

既然留数定理把回路积分归结为被积函数在回路所围各奇点的留数之和,这里就讨论一下如何计算留数。从一般原则来说,只要在以奇点为圆心的圆环域上把函数展开为洛朗级数,取它的负一次幂项的系数就行了。但是,如果能够不作洛朗展开而直接算出留数,计算工作量可能减小不少。事实上,对于极点,确实可以做到这一点。

### 2.5.2 约当引理

设 $f(z)=\mathrm{e}^{\mathrm{i}az}g(z)$ 是定义在上半圆周 $C_R=\{z:z=R\mathrm{e}^{\mathrm{i}a\theta},\theta\in[0,\pi]\}$ 上的复值连续函数, $a>0$,则有 $\left|\int_{C_R} f(z)\,\mathrm{d}z\right| \leqslant \frac{\pi}{a}\max_{\theta\in[0,\pi]}|g(R\mathrm{e}^{\mathrm{i}\theta})|$ ; $a<0$ 时,下半圆周也有同样的结论。

特别需要说明的是:

(1)如果 $f(z)$ 在充分大的半圆周 $C_R$ 上连续,并且 $M_R=\max_{\theta\in[0,\pi]}|g(R\mathrm{e}^{\mathrm{i}\theta})|\to 0(R\to\infty)$ ,由约当引理得 $\lim_{R\to\infty}\int_{C_R} f(z)\,\mathrm{d}z = 0$。

(2)约当引理的应用。闭合路径 $C$ 由 $C_1$ 和 $C_2$ 构成(图 2-1), $f(z)=\mathrm{e}^{\mathrm{i}az}g(z)$ 在 $C$ 所围成的区域内,除有限个奇点 $z_1,z_2,\cdots,z_n$ 外是解析函数,对充分大的 $R$ (大于

$|z_1|, |z_2|, \cdots, |z_n|$ 的最大值)，由留数定理得

$$\oint_C f(z)\,\mathrm{d}z = 2\pi \mathrm{i} \sum_{k=1}^{n} \mathrm{Res}(f, z_k)$$

$\mathrm{Res}(f,z_k)$ 表示奇异点 $z_k$ 处的留数，由于 $\oint_C f(z)\,\mathrm{d}z = \int_{C_1} f(z)\,\mathrm{d}z + \int_{C_2} f(z)\,\mathrm{d}z$，$\int_{C_2} f(z)\,\mathrm{d}z = \int_{-R}^{R} f(z)\,\mathrm{d}z$，因此有

$$\int_{-\infty}^{+\infty} f(z)\,\mathrm{d}z = 2\pi \mathrm{i} \sum_{k=1}^{n} \mathrm{Res}(f, z_k)$$

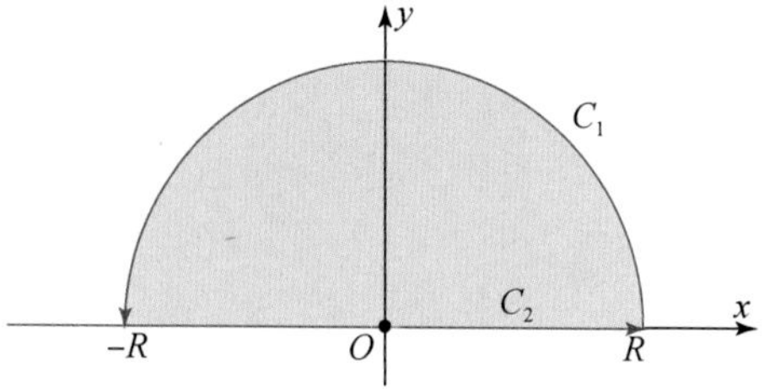


图 2-1　闭合路径示意图

(3)广义约当引理(the extended Jordan's lemma)。约当引理要求：被积函数 $f(z)$ 除在上半平面有有限个孤立奇点外，处处解析，并且当 $\|z\| \to \infty$ 时一致趋于零。我们发现约当引理可在较宽松的条件下使用：被积函数 $f(z)$ 除在上半平面有有限个孤立奇点外，处处解析，并且对于 $p > 0$，当 $\|z\| \to \infty$ 时，$\lim\limits_{R\to\infty} \|f(R\mathrm{e}^{\mathrm{i}\theta})\| R\mathrm{e}^{-Rp} = 0$，约当引理就可以使用。

### 2.5.3　δ 函数的一些性质

三维空间中动点 $r = (x,y,z)$ 和定点 $r' = (x',y',z')$，δ 函数 $\delta(r - r') = \delta(x - x')\delta(y - y')\delta(z - z')$，定义为 $\delta(r - r') = \begin{cases} \infty & r = r' \\ 0 & r \neq r' \end{cases}$，并且 $\int_{-\infty}^{\infty}\int_{-\infty}^{\infty}\int_{-\infty}^{\infty} \delta(r - r')\,\mathrm{d}r = 1$。其中 $\mathrm{d}r = \mathrm{d}x\mathrm{d}y\mathrm{d}z$，或者等价地定义为

$$\int_{-\infty}^{\infty}\int_{-\infty}^{\infty}\int_{-\infty}^{\infty} f(r)\delta(r - r')\,\mathrm{d}r = f(r')$$

设四维矢量 $\boldsymbol{x} = (\boldsymbol{x}, \mathrm{i}x_0)$，$\boldsymbol{x} = (x_1, x_2, x_3)$，第 4 分量 $x_0 = t$，并规定 $\mathrm{d}^4 x = (\mathrm{d}x) = \mathrm{d}x_1\mathrm{d}x_2\mathrm{d}x_3\mathrm{d}x_0$，以及 $\boldsymbol{x}' = (\boldsymbol{x}', \mathrm{i}x'_0)$，$\boldsymbol{x}' = (x'_1, x'_2, x'_3)$，$x'_0 = t'$。

δ 函数的积分表示如下：

$$\delta^{(4)}(\boldsymbol{x} - \boldsymbol{x}') = \delta(\boldsymbol{x} - \boldsymbol{x}')\delta(x_0 - x_0') = \frac{1}{(2\pi)^4}\int \mathrm{e}^{\mathrm{i}K_\alpha(x_\alpha - x_\alpha'')}\,\mathrm{d}^3K\mathrm{d}K_0$$

其中，$K_\alpha x_\alpha = K_1x_1 + K_2x_2 + K_3x_3 - K_0t = \boldsymbol{K}\cdot\boldsymbol{x} - K_0t$，$\boldsymbol{K} = (K_1, K_2, K_3)$，$\mathrm{d}^3\boldsymbol{K} =$

$\mathrm{d}K_1\mathrm{d}K_2\mathrm{d}K_3$。

### 2.5.4 广义积分的一些结果

$$\int_0^{\infty} e^{x^2}\mathrm{d}x = \frac{\sqrt{\pi}}{2}, \quad \int_0^{\infty} e^{ax^2+bx}\mathrm{d}x = \frac{1}{2}\sqrt{\frac{\pi}{-a}}e^{-\frac{b^2}{4a}}$$

## 2.6 电磁场的散度、旋度和梯度

### 2.6.1 散度

矢量场中,场矢量通过闭合面 $S$ 的通量是由 $S$ 内的通量源决定的。由此可看出,通量是一个积分量,它描述的是闭合曲面内是否存在源,也就是正源和负源的代数和,但它不能说明闭合面内每一点的性质。对于一个场的分析,必须知道场中每一点的场源分布规律。

设有一矢量场 $\boldsymbol{A}$,在场中任一点 $M$ 处,作一个包含 $M$ 在内的任一闭合曲面 $S$,$S$ 所包围的面积为 $\Delta V$,当体积 $\Delta V$ 以任一方式缩向 $M$ 点时,$\Delta V\to 0$ 时的通量为 $\lim\limits_{\Delta V\to 0}\dfrac{\oint \boldsymbol{A}\cdot \mathrm{d}S}{\Delta V}$,如果此极限存在,则称此极限为矢量场 $\boldsymbol{A}$ 在空间 $M$ 点处的散度(divergence),记作 $\mathrm{div}\boldsymbol{A}$,即

$$\mathrm{div}\boldsymbol{A} = \lim_{\Delta V\to 0}\frac{\oint_S \boldsymbol{A}\cdot \mathrm{d}S}{\Delta V} = \lim_{\Delta V\to 0}\frac{\oint_S \boldsymbol{A}\cdot \boldsymbol{n}\cdot \mathrm{d}S}{\Delta V}$$

由此可以看出,$\mathrm{div}\boldsymbol{A}$ 表示在场汇总任一点处,通量对体积的变化率,也可看作在该点处一个单位体积通过的通量,它表示了场中各点的场与通量元的关系。

从散度的定义可知,在 $M$ 点处,当 $\mathrm{div}\boldsymbol{A} > 0$ 时,表明该点存在正源,是发出能量线的;当 $\mathrm{div}\boldsymbol{A} < 0$ 时,表明该点存在负源,是吸收通量线的;当 $\mathrm{div}\boldsymbol{A} = 0$ 时,表明该点无源;另外,$\mathrm{div}\boldsymbol{A}$ 与所取的体积形状无关,这是因为当 $\Delta V\to 0$ 时,所有的尺寸都趋于 0。

散度在直角坐标系下的表达式可以写成

$$\mathrm{div}\boldsymbol{A} = \nabla\cdot\boldsymbol{A}$$

注意:$\nabla$ 是一个很重要的微分运算符,其称为哈密顿算子,即 $\nabla = e_x\dfrac{\partial}{\partial x} + e_y\dfrac{\partial}{\partial y} + e_z\dfrac{\partial}{\partial z}$,它有两重意义:第一,它是矢性的,而不是一个具体的矢量;第二它是一个微分算符,将对跟随其后的函数,不管是矢量函数还是标量函数进行微分,上式就是用哈密顿算符表示的散度式,由此定义可看出它与所取的坐标系无关,但在具体计

算时可选不同坐标。

同理可以推得：

在圆柱坐标系中

$$\nabla = e_r \frac{\partial}{\partial_r} + e_\varphi \frac{1}{r}\frac{\partial}{\partial\varphi} + e_z \frac{\partial}{\partial z}$$

在球坐标系中

$$\nabla = e_R \frac{\partial}{\partial R} + e_\theta \frac{1}{R}\frac{\partial}{\partial\theta} + e_\varphi \frac{1}{R\sin\theta}\frac{\partial}{\partial\varphi}$$

在圆柱坐标系中

$$\mathrm{div}\boldsymbol{A} = \nabla \cdot \boldsymbol{A} = \frac{1}{r}\frac{\partial(rA_r)}{\partial r} + \frac{1}{r}\frac{\partial A_\varphi}{\partial\varphi} + \frac{\partial A_\varphi}{\partial z}$$

在球坐标系中

$$\mathrm{div}\boldsymbol{A} = \nabla \cdot \boldsymbol{A} = \frac{1}{R^2}\frac{\partial}{\partial R}(R^2A_R) + \frac{1}{R\sin\theta}\frac{\partial}{\partial\theta}(\sin\theta A_\theta) + \frac{1}{R\sin\theta}\frac{\partial A_\varphi}{\partial\varphi}$$

### 2.6.2 旋度

在矢量场 $\boldsymbol{A}$ 中，为了研究场中某点 $M$ 的性质，取包含 $M$ 点的一个面积元 $\Delta S$ 其周界为 $C$ 的绕行方向，由右手螺旋法则确定面积元的法线 $\boldsymbol{n}$ 的方向。沿着包围这个面积元的闭合路径取 $\boldsymbol{A}$ 的线积分，保持 $\boldsymbol{n}$ 的方向不变，而是曲面面积元 $\Delta S$ 以任意方式去趋近于0，即逼近 $M$ 点，用极限表达即为

$$\lim_{\Delta S\to 0}\frac{\oint_l \boldsymbol{A}\cdot \mathrm{d}l}{\Delta S}$$

但上式极限与 $C$ 所谓的面积元的方向有关，这里借用了流体力学的概念。

当面积元法像矢量 $\boldsymbol{n}$ 与漩涡轴方向重合时，极限值为最大值，也就是该矢量的模，这个矢量称为 $\boldsymbol{A}$ 的旋度，记作 rot$\boldsymbol{A}$ 。

$$\mathrm{rot}\boldsymbol{A} = \lim_{\Delta S\to 0}\frac{\oint_l \boldsymbol{A}\cdot \mathrm{d}l}{\Delta S}\Bigg|_{\max}$$

上面的极限式表示矢量 rot$\boldsymbol{A}$ 在面积元矢量 $\boldsymbol{n}$ 方向上的投影，由定义可以看出，上述极限式与所取面积有关，它只表示矢量 $\boldsymbol{A}$ 的旋度在某一确定面积元矢量 $\boldsymbol{n}$ 方向上的投影。

在直角坐标系中，若要求得矢量场中某一点 $M$ 的旋度，就必须先分别求得在三个坐标面方向的旋度矢量的分量，这三个旋度分量之和便是该点的旋度矢量。由旋度的定义可以看出，定义式中的极限与所取面积元的形状无关。如果要求出矢量场中的一点 $M$ 的旋度，首先可求出 $yOz$ 坐标面的旋度矢量，也就是沿 $x$ 方向的旋度矢量。设 $M$ 点的矢量 $\boldsymbol{A} = \boldsymbol{e}_xA_x + \boldsymbol{e}_yA_y + \boldsymbol{e}_zA_z$ ，因此用行列式可将该点的旋度表

示为

$$\nabla \times \boldsymbol{A} = \begin{vmatrix} \boldsymbol{e}_x & \boldsymbol{e}_y & \boldsymbol{e}_z \\ \dfrac{\partial}{\partial x} & \dfrac{\partial}{\partial y} & \dfrac{\partial}{\partial z} \\ A_x & A_y & A_z \end{vmatrix}$$

同理,在圆柱坐标系中,坐标变量分别为 $r,\varphi,z$ ,其旋度用行列式表示为

$$\nabla \times \boldsymbol{A} = \begin{vmatrix} \dfrac{\boldsymbol{e}_r}{r} & \boldsymbol{e}_\varphi & \dfrac{\boldsymbol{e}_z}{r} \\ \dfrac{\partial}{\partial r} & \dfrac{\partial}{\partial \varphi} & \dfrac{\partial}{\partial z} \\ A_r & rA_\varphi & A_z \end{vmatrix}$$

在球坐标系中,旋度的行列式表示为

$$\nabla \times \boldsymbol{A} = \begin{vmatrix} \dfrac{\boldsymbol{e}_R}{R^2\sin\theta} & \dfrac{\boldsymbol{e}_\theta}{R\sin\theta} & \dfrac{\boldsymbol{e}_\varphi}{R} \\ \dfrac{\partial}{\partial R} & \dfrac{\partial}{\partial \theta} & \dfrac{\partial}{\partial \varphi} \\ A_R & RA_\theta & R\sin\theta A_\varphi \end{vmatrix}$$

### 2.6.3　梯度

已知方向导数的公式

$$\frac{\partial u}{\partial l} = \frac{\partial u}{\partial x}\cos\alpha + \frac{\partial u}{\partial y}\cos\beta + \frac{\partial u}{\partial z}\cos\gamma$$

其中, $\cos\alpha,\cos\beta,\cos\gamma$ 是 $l$ 方向的方向余弦。现在沿着 $l$ 方向上任取一单位矢量 $\boldsymbol{e}_l$ ,那么将 $\boldsymbol{e}_l$ 用直角坐标系的单位矢量表示,可得

$$\boldsymbol{e}_l = \boldsymbol{e}_x\cos\alpha + \boldsymbol{e}_y\cos\beta + \boldsymbol{e}_z\cos\gamma$$

现在假设有一矢量 $\boldsymbol{G}$,并且

$$\boldsymbol{G} = \boldsymbol{e}_x\frac{\partial u}{\partial x} + \boldsymbol{e}_y\frac{\partial u}{\partial y} + \boldsymbol{e}_z\frac{\partial u}{\partial z}$$

则

$$\begin{aligned} \boldsymbol{G}\cdot\boldsymbol{e}_l &= \left(\boldsymbol{e}_x\frac{\partial u}{\partial x} + \boldsymbol{e}_y\frac{\partial u}{\partial y} + \boldsymbol{e}_z\frac{\partial u}{\partial z}\right)\cdot(\boldsymbol{e}_z\cos\alpha + \boldsymbol{e}_y\cos\beta + \boldsymbol{e}_z\cos\gamma) \\ &= \frac{\partial u}{\partial x}\cos\alpha + \frac{\partial u}{\partial y}\cos\beta + \frac{\partial u}{\partial z}\cos\gamma \end{aligned}$$

所以

$$\frac{\partial u}{\partial l} = \boldsymbol{G}\cdot\boldsymbol{e}_l$$

从上述分析可知,矢量 $\boldsymbol{G}$ 在给定点处为一固定矢量,它只与函数 $u(x,y,z)$ 有关,与

$l$ 无关;而 $\boldsymbol{e}_l$ 则是从给定点引出的模为1,沿 $l$ 与 $\boldsymbol{G}$ 的方向一致时,取得最大值,并且 $\left.\dfrac{\partial u}{\partial l}\right|_{\max} = |\boldsymbol{G}|$。也就是说,矢量的方向就是函数 $u(x,y,z)$ 变化率最大的方向,其大小正好是这个最大变化率的数值。因此,我们把矢量 $\boldsymbol{G}$ 称作函数 $u(x,y,z)$ 在给定点处的梯度,记作

$$\mathrm{grad}u = \boldsymbol{G} = \boldsymbol{e}_x \frac{\partial u}{\partial x} + \boldsymbol{e}_y \frac{\partial u}{\partial y} + \boldsymbol{e}_z \frac{\partial u}{\partial z}$$

其定义与坐标系无关,是由函数分布所决定的,但其表达式随坐标系的不同而不同。

在直角坐标系中

$$\boldsymbol{G} = \mathrm{grad}u = \boldsymbol{e}_x \frac{\partial u}{\partial x} + \boldsymbol{e}_y \frac{\partial u}{\partial y} + \boldsymbol{e}_z \frac{\partial u}{\partial z}$$

在柱面坐标系中

$$\boldsymbol{G} = \mathrm{grad}u = \boldsymbol{e}_r \frac{\partial u}{\partial r} + \boldsymbol{e}_\varphi \frac{1}{r}\frac{\partial u}{\partial \varphi} + \boldsymbol{e}_z \frac{\partial u}{\partial z}$$

在球面坐标系中

$$\boldsymbol{G} = \mathrm{grad}u = \boldsymbol{e}_R \frac{\partial u}{\partial R} + \boldsymbol{e}_\theta \frac{1}{R}\frac{\partial u}{\partial \theta} + \boldsymbol{e}_\varphi \frac{1}{R\sin\theta}\frac{\partial u}{\partial \varphi}$$

又由哈密顿算子在不同坐标系的表示形式,梯度可表示为

$$\mathrm{grad}u = \nabla u$$

# 第3章　传统点微元的电磁场

当源的大小在所研究的问题中可以忽略不计时,将源近似地看作集中于一点,称源为点源,由于源的尺寸可以忽略不计,也可称为点微元。点微元可以具有任意的形状,满足条件的线元、面元、体元都可以称为点微元。偶极子微元是应用范围最广的点微元,在通信、电磁勘探领域得到广泛的使用。本章将介绍在天线领域和电法勘探领域常见的偶极子微元形式及其产生的电、磁场,偶极子微元的瞬变电磁场将在第4章分析频时变换求解过程时给出。

## 3.1　天线电磁理论中的偶极子微元

天线存在于一个由波束、立体弧度、平方(角)度和立体角所构成的三维世界中,天线与整个空间耦合,并且具有一个用开尔文度量的温度。无线电天线可以被定义为一种附有导行波与自由空间波互相转换区域的结构。天线将电子转变为光子(发射天线),或将光子转变为电子(接收天线)。不论具体形式如何,天线都基于加速或减速电荷产生辐射的共同机理,基本辐射方程为

$$I \cdot L = Q \cdot a' \tag{3-1}$$

式中,$I$ 表示时变电流,$L$ 表示电流元长度,$Q$ 表示电荷,$a'$ 表示电荷的加速度。

因而,时变电流辐射即加速电荷辐射,对于稳态简谐振荡,我们通常关注其电流,对于瞬态简谐振荡或脉冲,则关注电荷。辐射的主要方向垂直于加速度的方向。

静止的电荷和稳、恒的电流会在空间产生静电场和磁场,这样的电场和磁场不随时点变化且相互独立存在。要产生电磁相互作用,形成变化的电磁场,将信息以电磁波的形式辐射出去,必须具有天线。将能向自由空间辐射电磁波或从自由空间接收电磁波的装置称为天线。基本的辐射元,又称元天线。最常提到的有四种,它们是电基本振子、磁基本振子、惠更斯辐射元和旋转场辐射元。所有天线都可以认为是由这些基本辐射元组成的。

在天线领域,电偶极子是一段长度远小于波长 $\lambda$ 的载有高频电流的短导线,简称电流元。磁偶极子又称磁流元,迄今为止,磁流还只是一种为了分析理解方便而引进的概念。例如,一个直径远小于波长的载电流圆圈所产生的场就和四个短的磁流元相同,也就是说,磁流元的场可以由电流元的场“对偶”得到。惠更斯辐射元又称惠更斯元或面元,常在分析面天线时采用。这种面元,当然也可以认为是由

电偶极子组成的。所谓旋转场辐射元,又称为旋转场元;两个电流分别置于互相垂直的轴上,如 $x$ 轴和 $y$ 轴,并馈以等幅且相位差为 90°的电流,即成为旋转场元。这四种常提到的辐射元,归根结底,最基本的还是电基本振子,即电流元。

单极子天线是近年来的研究热点,理论上,单极子天线由半偶极子和完全导电的半空间组成,但在实际中,半偶极子所在的平面很难满足无穷大的条件,只要满足与平面的半径与有源元件的长度相同即可。单极子天线的辐射阻抗是对应的偶极子天线的一半,辐射功率也只有偶极子天线的一半,但单极子天线只在上半空间辐射,因此,单极子天线与偶极子天线具有相同的增益。

### 3.1.1　偶极子

1. 电偶极子

图 3-1 中,原点 $O$ 表示电偶极子微元位置,$P$ 表示场点位置,$r=\sqrt{x^2+y^2+z^2}$ 表示场点到源点的距离,$\rho=\sqrt{x^2+y^2}$ 表示 $r$ 在 $xOy$ 平面上的投影距离,$\theta$ 表示 $r$ 与 $z$ 轴之间的夹角,$\varphi$ 表示 $\rho$ 与 $y$ 轴之间的夹角。

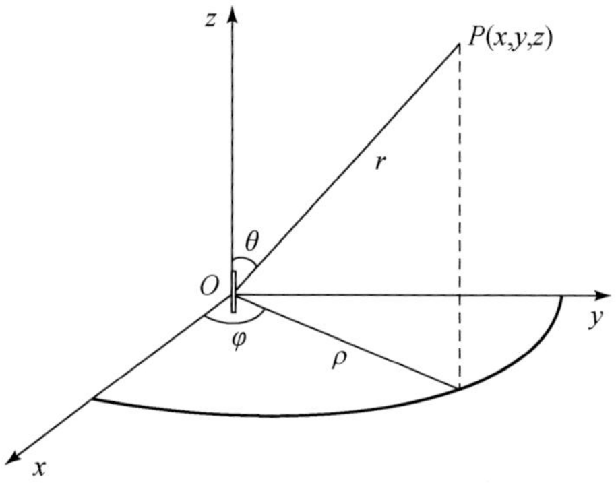


图 3-1　电偶极子微元示意图

辐射电磁波最简单的系统是一对做周期运动的等量异号电荷,也称为振荡电偶极子,振荡电偶极子相当于一个交变电流元,这种电流元是天线电源线的基元,实际的天线可以看作由许多交变电流元(元天线)组成。因此,研究元天线或电偶极子的辐射问题具有重要的意义。对于电偶极子天线,由于天线的尺度很小,近似认为偶极子中某时刻各处的电流相同。对于线电流,推迟位函数为

$$\boldsymbol{A}(x,y,z,t)=\frac{\mu}{4\pi}\int_l\frac{I(x',y',z',t-r/v)}{r}\mathrm{d}\boldsymbol{l} \tag{3-2}$$

其中,$v$ 表示电磁波的传播速度,$(x,y,z)$ 表示场点坐标,$(x',y',z')$ 表示电流元点坐标。

因为 $r \gg l$ ,线电流元上的各点到场点的距离 $r$ 变化很小,同时,电偶极子中的电流 $I$ 也可看作不变,因此,上式变为

$$\boldsymbol{A} = \frac{\mu \boldsymbol{l}}{4\pi r} I_0(x', y', z') \mathrm{e}^{\mathrm{i}\omega(t-r/v)} = \frac{\mu \boldsymbol{l}}{4\pi r} I(x', y', z', t)\mathrm{e}^{-\mathrm{i}Kr}$$

如图 3-1 所示,偶极子中的电流沿 $z$ 轴正向,$P$ 点的矢位与电流同方向,因此

$$A = A_z = \frac{\mu Il}{4\pi r}\mathrm{e}^{-\mathrm{i}Kr}$$

将笛卡儿坐标系转换到球坐标系中,矢量位的三个分量为

$$\begin{cases} A_r = A\cos\theta = \dfrac{\mu Il\cos\theta}{4\pi r}\mathrm{e}^{-\mathrm{i}Kr} \\ A_\theta = -A\cos\theta = -\dfrac{\mu Il\sin\theta}{4\pi r}\mathrm{e}^{-\mathrm{i}Kr} \\ A_\varphi = 0 \end{cases} \tag{3-3}$$

电、磁场与矢量位的关系可以表示为

$$\boldsymbol{B} = \nabla \times \boldsymbol{A}$$

$$\boldsymbol{E} = \frac{1}{\varepsilon}\int (\nabla \times \boldsymbol{H})\,\mathrm{d}t$$

通过推导,得到

$$\begin{cases} H_\varphi = \dfrac{IlK^2}{4\pi}\left[\dfrac{1}{(KR)^2} + \dfrac{\mathrm{i}}{Kr}\right]\mathrm{e}^{-\mathrm{i}Kr}\sin\theta \\ E_r = \dfrac{2IlK^3}{4\pi\varepsilon\omega}\left[\dfrac{1}{\mathrm{i}(Kr)^3} + \dfrac{1}{(Kr)^2}\right]\mathrm{e}^{-\mathrm{i}Kr}\cos\theta \\ E_\theta = \dfrac{IlK^3}{4\pi\varepsilon\omega}\left[\dfrac{1}{\mathrm{i}(Kr)^3} + \dfrac{1}{(Kr)^2} + \dfrac{\mathrm{i}}{Kr}\right]\mathrm{e}^{-\mathrm{i}Kr}\sin\theta \end{cases} \tag{3-4}$$

式中,$K$ 表示波数。

当 $Kr \ll 1$ 时,只需考虑 $r$ 比波长小很多的区域,在该区域内,场处于近区,同时,由于 $r$ 较小,推迟效应可以不考虑,忽略方程中低次项,磁场和电场为

$$\begin{cases} H_\varphi = \dfrac{Il}{4\pi r^2}\sin\theta \\ E_r = \dfrac{Il}{\mathrm{i}2\pi r^3\varepsilon\omega}\cos\theta \\ E_\theta = \dfrac{Il}{\mathrm{i}4\pi r^3\varepsilon\omega}\sin\theta \end{cases} \tag{3-5}$$

式(3-5)中电场与静电场中等效电偶极子产生的电场相同,磁场与稳定磁场中等效电流元的磁场相当,可见,通以交变电流的元天线产生的电磁场,在近区电场与磁场均随时间变化,但在每一瞬时服从稳定场的规律,这种场被称为似稳场,也称为感应场。

当 $Kr \gg 1$ 时,略去高次项,得到远区电磁场的表达式

$$\begin{cases} H_{\varphi} = \dfrac{I_0 lK}{4\pi r} \mathrm{e}^{\mathrm{i}[\omega(t-r/v)+\pi/2]} \sin\theta \\ E_{\theta} = \dfrac{I_0 lK^2}{4\pi\varepsilon\omega r} \mathrm{e}^{\mathrm{i}[\omega(t-r/v)+\pi/2)]} \sin\theta \end{cases} \tag{3-6}$$

在远区 $t$ 时刻场点的电场和磁场,决定于场源时刻的电流分布,即在远区显示出推迟效应。

不论在近区或远区,都同时存在感应场和辐射场,场区划分更大程度上是为了方便得到电磁场的显式表达式,更好地分析、描述场的特征,如果我们可以将电磁场的分布通过统一的表达式表示出来,也就没有必要作近、远区的划分。

在近区,感应场很强,辐射场可以忽略;而在远区,辐射场较强,感应场可以忽略。因而近区主要显现感应场的性质,远区主要显现辐射场的性质。尽管在近区内辐射场比感应场小,但仍比远区的辐射场大很多,这是由源点到观测点的距离来控制的。感应场反比于源点到观测点距离的三次方,而辐射场反比于源点到观测点的距离,感应场相对于辐射场衰减得更加迅速。

虽然在远区或近区时电磁场的表达式差别较大,但不论是在近区还是远区,观测点与源的距离都满足偶极子条件,元天线(电偶极子)场的表达式也是在这个前提下得到的。因此,当观测点到源的距离不能满足偶极子条件时,使用偶极子场的公式将带来较大的计算误差,这在后面的章节将进行介绍。

2. *磁偶极子*

当元线圈中通以稳定电流,产生的稳定磁场在形式上与电偶极子产生的电场相似,故把通有稳定电流的元线圈称为磁偶极子。对元线圈通以交变电流,激起有变化的电磁场,并向自由空间辐射电磁波。

如图 3-2 所示,磁偶极子位于 $xOy$ 平面上,通以谐变电流,并假定磁偶极子上各点的振幅和相位都相同。空间中任意点的矢量位为

$$\boldsymbol{A}(x,y,z,t) = \frac{\mu}{4\pi}\oint \frac{I(t-r/v)}{r}\mathrm{d}\boldsymbol{l} = \frac{\mu}{4\pi}\oint \frac{I_0 \mathrm{e}^{\mathrm{i}\omega(t-r/v)}}{r}\mathrm{d}\boldsymbol{l} = \frac{\mu I}{4\pi}\oint \frac{\mathrm{e}^{-\mathrm{i}Kr}}{r}\mathrm{d}\boldsymbol{l} \tag{3-7}$$

矢量位只沿 $\boldsymbol{e}_{\varphi}$ 方向,其余两个方向的矢量位为 $\mathbf{0}$。

在下面的推导中,我们将借助比拟的研究思路,首先给出稳定场中圆电流的矢量位

$$\boldsymbol{A} = \frac{\mu I}{4\pi}\oint \frac{1}{r}\mathrm{d}\boldsymbol{l} \tag{3-8}$$

稳定场中的电流是恒定的,恒定场和时变场的最主要差别来源于源电流的性质,只要把稳定场矢量位表达式中的电流 $I$ 以 $I\mathrm{e}^{-\mathrm{i}Kr}$ 代替,就可以得到圆电流(磁偶极子)在时变场中的矢量位:

$$A_{\varphi} = \frac{\mu I}{2\pi}\int_0^{\pi} \frac{a\cos\varphi}{(\rho^2 + z^2)^{1/2}}\mathrm{d}\varphi = \frac{\mu I}{2\pi}\int_0^{\pi} \frac{a\cos\varphi}{r}\mathrm{d}\varphi \tag{3-9}$$

式中，$r = R\left(1 - \frac{2ax}{R^2}\cos\varphi + \frac{a^2}{R^2}\right)^{1/2}$，$R$ 为场点到坐标原点的距离。

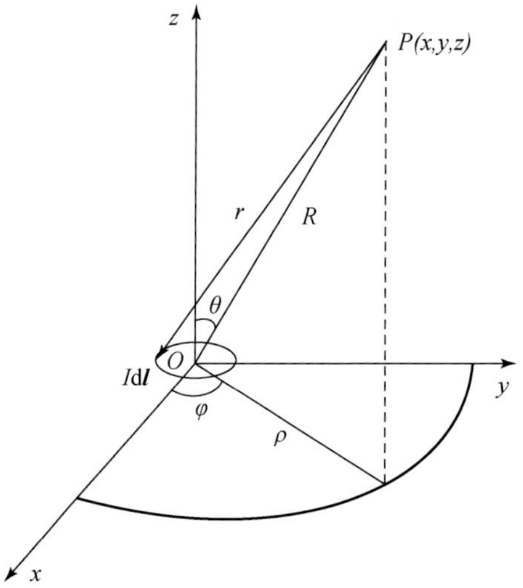


图 3-2　磁偶极子源示意图

由于 $R \gg a$，所以

$$r \approx R\left(1 - \frac{2ax}{R^2}\cos\varphi\right)^{1/2} \approx R\left(1 - \frac{ax}{R^2}\cos\varphi\right)$$

$$\frac{1}{r} = \frac{1}{R\left(1 - \frac{ax}{R^2}\cos\varphi\right)} \approx \frac{1}{R}\left(1 + \frac{ax}{R^2}\cos\varphi\right)$$

$$\mathrm{e}^{-\mathrm{i}Kr} \approx \mathrm{e}^{-\mathrm{i}KR}\left(1 + \mathrm{i}K\frac{ax}{R}\cos\varphi\right)$$

将上面的近似代入稳定场的矢量位的表达式中，得到通有谐变电流的磁偶极子(元电流)，在空间内任一点的矢量位为

$$A_{\varphi} = \frac{\mu ISK^2}{4\pi}\left[\frac{1}{(KR)^2} + \frac{\mathrm{i}}{KR}\right]\mathrm{e}^{-\mathrm{i}KR}\sin\theta \tag{3-10}$$

其中，$S = \pi a^2$ 为圆线圈(磁偶极子)的面积。

根据磁场与矢量位之间的对应关系

$$\boldsymbol{B} = \nabla \times \boldsymbol{A}$$

$$\boldsymbol{E} = \frac{1}{\varepsilon}\int(\nabla \times \boldsymbol{H})\,\mathrm{d}t$$

推导得到

$$\begin{cases} H_R = \dfrac{\mathrm{i}ISK^3}{2\pi}\left[\dfrac{1}{\mathrm{i}(KR)^3} + \dfrac{1}{(KR)^2}\right]\mathrm{e}^{-\mathrm{i}KR}\cos\theta \\ H_\theta = \dfrac{\mathrm{i}ISK^3}{4\pi}\left[\dfrac{1}{\mathrm{i}(KR)^3} + \dfrac{1}{(KR)^2} + \dfrac{\mathrm{i}}{KR}\right]\mathrm{e}^{-\mathrm{i}KR}\sin\theta \\ E_\varphi = -\dfrac{\mathrm{i}\mu IS\omega K^2}{4\pi}\left[\dfrac{1}{(KR)^2} + \dfrac{\mathrm{i}}{KR}\right]\mathrm{e}^{-\mathrm{i}KR}\sin\theta \end{cases} \tag{3-11}$$

当 $Kr \ll 1$ 时,只需考虑 $r$ 比波长小很多的区域,在该区域内,场处于近区,同时,由于 $r$ 较小,推迟效应可以不考虑,忽略方程中的低次项,磁场和电场为

$$\begin{cases} H_R = \dfrac{2m_0\cos\theta}{4\pi R^3}\mathrm{e}^{\mathrm{i}\omega t} \\ H_\theta = \dfrac{m_0\sin\theta}{4\pi R^3}\mathrm{e}^{\mathrm{i}\omega t} \\ E_\varphi = -\dfrac{\mu m_0\omega\sin\theta}{4\pi R^2}\mathrm{e}^{\mathrm{i}\left(\omega t-\frac{\pi}{2}\right)} \end{cases} \tag{3-12}$$

式中, $m_0 = I_0S$ 。

磁场随时间变化,但在某一时刻的磁场与稳定电流磁偶极子所激发的磁场相同,这也是根据稳定场比拟计算谐变场的基础。同时,根据能流密度的计算公式 $\boldsymbol{S} = \boldsymbol{E} \times \boldsymbol{H}$ ,得到一个周期内磁偶极子向空间输出的能量为0,表明磁偶极子与元天线的辐射情况相同,近区的电磁场以感应场为主。

当 $Kr \gg 1$ 时,略去高次项,得到远区电磁场的表达式

$$\begin{cases} E_\varphi = \dfrac{\mu m\omega K\sin\theta}{4\pi R}\mathrm{e}^{-\mathrm{i}KR} \\ H_\theta = -\dfrac{mK^2\sin\theta}{4\pi R}\mathrm{e}^{-\mathrm{i}KR} \end{cases} \tag{3-13}$$

其中, $m = m_0\mathrm{e}^{\mathrm{i}\omega t}$ 。

取实部,得到

$$\begin{cases} E_\varphi = \dfrac{\mu m_0\omega K\sin\theta}{4\pi R}\cos\omega(t - R/v) \\ H_\theta = -\dfrac{m_0K^2\sin\theta}{4\pi R}\cos\omega(t - R/v) \end{cases} \tag{3-14}$$

在远区, $t$ 时刻场点的电场和磁场决定于场源时刻的电流分布,即在远区显示出推迟效应。

和元天线(电偶极子)的场的特征类似,在近区或远区,都同时存在感应场和辐射场。在近区,感应场很强,辐射场可以忽略;而在远区,辐射场较强,感应场可以忽略,因而近区主要显现感应场的性质,远区主要显现辐射场的性质。尽管在近

区内辐射场比感应场小,但仍比远区的辐射场大很多,这是由源点到观测点的距离来控制的。感应场反比于源点到观测点距离的三次方,而辐射场反比于源点到观测点的距离,感应场相对于辐射场衰减得更加迅速。

虽然在远区或近区时电磁场的表达式差别较大,但不论是在近区还是远区,观测点与源的距离都满足磁偶极子条件,圆线圈(磁偶极子)场的表达式也是在这个前提下得到的。因此,当观测点到源的距离不能满足磁偶极子条件时,使用偶极子场的公式将带来较大的计算误差,这在后面的章节将进行介绍。

### 3.1.2 单极子

单极子天线就是单导线天线,也可以称为单极振子。单极子天线是在某种类型平面上的偶极子天线的一半。工程天线中,还没有真正的单极子天线。常用车载天线,一极为单导线,另一极为导电板或导电座或地面或某些变形,这类天线可以近似认为是单极子天线。长度为 $L$ 的单极子天线位于无穷大的导体面上,如图 3-3(a)所示。

利用镜像理论,平面上场可以通过自由空间中等效的天线源给出,如图 3-3(b)所示。这种等效源就是我们常见的具有单极子天线两倍长度的偶极子天线,单极子天线在平面上产生的场与偶极子天线产生的场相同,不同之处在于,单极子天线在下半空间产生的场为 0。

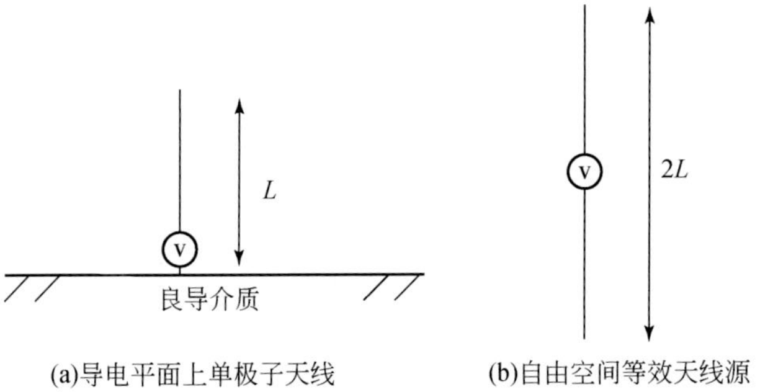


图 3-3　单极子天线和等效天线源

和传统的偶极子天线相比,单极子天线的尺寸更小,适用于更小的辐射单元的构建,在短距离无线通信领域得到广泛的应用。单极子天线的辐射集中于端点,使得辐射场更具方向性。

## 3.2 静电场中的偶极子微元

静止电荷在真空或电介质中产生的电场不随时间变化,称为静电场。当带电体的大小在所研究的问题中可以忽略不计时,近似地将电荷看作集中于一点,称为点电荷。点电荷可以是线电荷元、面电荷元或者体电荷元。点电荷的电位为

$$\Phi = \frac{1}{4\pi\varepsilon_0}\frac{q}{r} \tag{3-15}$$

点电荷的电场强度为

$$\boldsymbol{E} = -\nabla\Phi = \frac{1}{4\pi\varepsilon_0}\frac{q}{r^3}\boldsymbol{r} \tag{3-16}$$

在静电场中，讨论最多的源形式是电偶极子，电偶极子由两个等值而异号的点电荷 $+q$，$-q$ 组成，电荷间相距 $l$。在实际应用中，当源点到观测点的距离远大于线源自身的尺寸时，将线源看作电偶极子。电偶极子的大小与方向用电偶极矩 $\boldsymbol{p}$ 表示，电偶极矩定义为

$$\boldsymbol{p} = q\boldsymbol{l}$$

由电荷分布的轴对称性可知，电位与电场强度也具有轴对称性。如图 3-4 所示，正电荷到场点的距离为 $r_+$，负电荷到场点的距离为 $r_-$，场点的电位为

$$\Phi = \frac{1}{4\pi\varepsilon_0}\frac{q}{r_+} - \frac{1}{4\pi\varepsilon_0}\frac{q}{r_-} = \frac{q}{4\pi\varepsilon_0}\frac{r_- - r_+}{r_+ r_-} \tag{3-17}$$

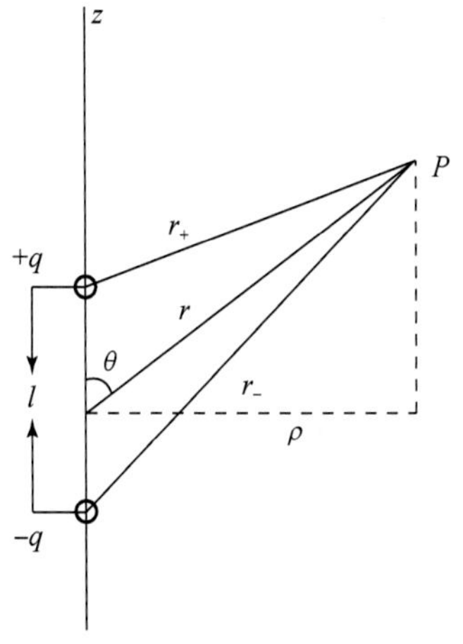


图 3-4　静电场中电偶极子示意图

当 $r \gg l$ 时，可作如下的近似：

$$r_- \approx r + \frac{l}{2}\cos\theta$$

$$r_+ \approx r - \frac{l}{2}\cos\theta$$

$$r_- - r_+ = l\cos\theta$$

$$\frac{1}{r_- r_+} \approx \frac{1}{r^2}$$

最终得到电偶极子的电位

$$\Phi_{\text{dipole}} = \frac{ql\cos\theta}{4\pi\varepsilon_0 r^2} \tag{3-18}$$

电偶极子的电场为(球坐标系)

$$\boldsymbol{E} = -\nabla\Phi = -\left(\boldsymbol{e}_r\frac{\partial\Phi}{\partial r} + \boldsymbol{e}_\theta\frac{1}{r}\frac{\partial\Phi}{\partial\theta} + \boldsymbol{e}_\varphi\frac{1}{r\sin\theta}\frac{\partial\Phi}{\partial\varphi}\right)$$

$$= \frac{ql\cos\theta}{2\pi\varepsilon_0 r^3}\boldsymbol{e}_r + \frac{ql\sin\theta}{4\pi\varepsilon_0 r^3}\boldsymbol{e}_\theta$$

当 $\theta = 0$ 时,电场为位于 $z$ 轴上一点的电场

$$\boldsymbol{E}_{z\text{-dipole}} = \frac{ql}{2\pi\varepsilon_0 z^3}\boldsymbol{e}_z \tag{3-19}$$

为了后面的对比,给出具有相同长度的线电荷源场的精确解

$$\Phi_{\text{line}} = \frac{\eta}{4\pi\varepsilon_0 r}\ln\frac{z + l/2 + r_-}{z - l/2 + r_+} \tag{3-20}$$

位于 $z$ 轴上点的电场

$$\boldsymbol{E}_{z\text{-line}} = \frac{qlz}{2\pi\varepsilon_0\,(z - l/2)^2\,(z + l/2)^2}\boldsymbol{e}_z \tag{3-21}$$

## 3.3　恒定电流场中的偶极子微元

恒定电流场中的偶极子微元包括电偶极源、磁偶极源。下面将分别介绍这两种偶极子微元的场。

### 3.3.1　电偶极源

在恒定电流场中,当场点到源点的距离远大于线源本身尺寸时,线源可看作电偶极源(图 3-5)。

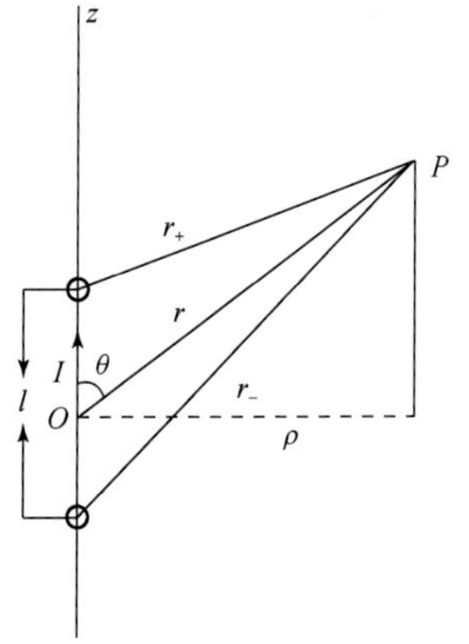


图 3-5　恒定电流场中电偶极源示意图

Kaufman 和 Eaton(2001)给出了电偶极源激发的磁场的表达式

$$H = \frac{Il}{4\pi}\frac{1}{r^2}\sin\theta \tag{3-22}$$

为了对比,给出具有相同长度的线电流源激发的磁场,线电流的磁场可以通过对电流元的磁场积分得到,电流元的磁场将借助毕奥-萨伐尔定律给出,最终得到线电流源的磁场为

$$H = \frac{Il}{4\pi\rho}\left(\frac{z + l/2}{r_-} - \frac{z - l/2}{r_+}\right) \tag{3-23}$$

### 3.3.2　磁偶极源

当线圈的线度比线圈到场点的距离小很多时,该线圈也可称为元线圈,即磁偶极子(图 3-6)。在磁偶极子中通以稳定电流,下面给出磁偶极源激发的磁场表达式:

$$\boldsymbol{H} = \frac{1}{4\pi}\left(\frac{2m\cos\theta}{R^3}\boldsymbol{e}_R + \frac{m\sin\theta}{R^3}\boldsymbol{e}_\theta\right)$$

上式是在球坐标系下求出的,转换到柱坐标系下,有

$$\begin{cases} \boldsymbol{H}_z = \boldsymbol{H}_R\cos\theta - \boldsymbol{H}_\theta\sin\theta = \dfrac{1}{4\pi}\left(\dfrac{2m\cos^2\theta}{R^3} - \dfrac{m\sin^2\theta}{R^3}\right)\boldsymbol{e}_z = \dfrac{m}{4\pi R^3}(2\cos^2\theta - \sin^2\theta)\boldsymbol{e}_z \\ \boldsymbol{H}_r = \boldsymbol{H}_R\sin\theta + \boldsymbol{H}_\theta\cos\theta = \dfrac{1}{4\pi}\left(\dfrac{2m\cos\theta\sin\theta}{R^3} + \dfrac{m\sin\theta\cos\theta}{R^3}\right)\boldsymbol{e}_r = \dfrac{3m\cos\theta\sin\theta}{4\pi R^3}\boldsymbol{e}_r \end{cases} \tag{3-24}$$

式中, $m = I\pi a^2$, $a$ 为线圈的半径。

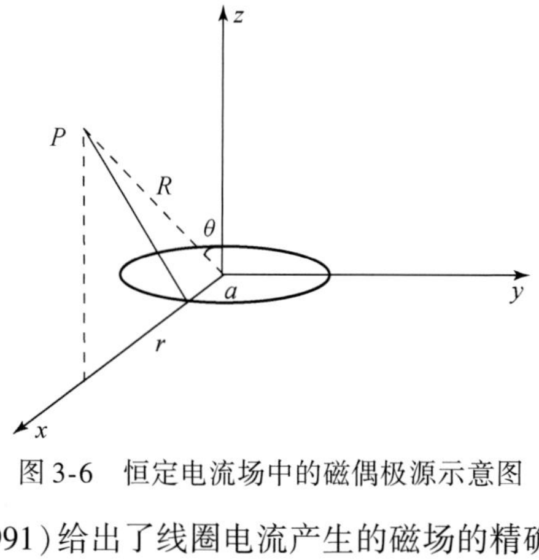


图 3-6　恒定电流场中的磁偶极源示意图

肖智润和冯郁(1991)给出了线圈电流产生的磁场的精确解

$$\begin{cases} \boldsymbol{H}_z = \dfrac{I}{2\pi}\dfrac{1}{\sqrt{(a + r)^2 + z^2}}\left[K(k) + \dfrac{a^2 - r^2 - z^2}{(a - r)^2 + z^2}E(k)\right] \\ \boldsymbol{H}_r = \dfrac{I}{2\pi r}\dfrac{z}{\sqrt{(a + r)^2 + z^2}}\left[-K(k) + \dfrac{a^2 + r^2 + z^2}{(a - r)^2 + z^2}E(k)\right] \end{cases} \tag{3-25}$$

式中，$K(k)$ 为第一类椭圆积分，$E(k)$ 为第二类椭圆积分，其中

$$k^2 = \frac{4ar}{(a+r)^2 + z^2}$$

## 3.4　直流点电源场

稳定电流场满足欧姆定律的微分形式 $j = \sigma E = \frac{E}{\rho}$，由于电流是在电场力作用下形成的，某处电流密度 $j$ 的方向与该处电场强度 $E$ 的方向相同，电流密度 $j$ 与该处的电场强度 $E$ 和电导率 $\sigma$ 成正比，而与该处介质的电阻率 $\rho$ 成反比。

连续性方程为 $\mathrm{div} j = 0$。

在稳定的情况下，电流线是连续的，即穿进闭合面的电流一定等于穿出的电流。

势场特征 $E = -\mathrm{grad} U$，$\mathrm{rot} E = 0$。

场强 $E$ 等于电位梯度的负值，梯度 $U$ 的方向为电位增加的方向，式中负号表示 $E$ 的方向指向电位减小的方向。

在地面下建立稳定电流场，通常是用两个接地电极将电源两端接地，从而使电流通过导电的大地与电源构成回路。当接地电极入土深度较其到观测点的距离很小时，我们可以视接地供电极 $A$ 和 $B$ 是两个点接触的电极。于是可在地下形成两个点电流源的电场。若 $AB$ 间距离较大，我们仅在其中一个电极附近观测时，可忽略另一个电极的影响，认为另一个电极在无穷远处。这样，我们就得到了一个点电流源的电场。当 $AB$ 距离较小，观测点到 $AB$ 电极的距离远大于 $AB$ 时，可视 $AB$ 所形成的是电偶极子电场。

### 3.4.1　一个点源的场响应

对于均匀各向同性、无限大介质中的点源，其电流密度为 $j$，如图 3-7 所示，介质电阻率为 $\rho$，距离为 $r$ 处的电位为

$$I = \oiint_s j \mathrm{d}s, \quad j = \frac{I}{4\pi r^2} \tag{3-26}$$

$$R = \rho \frac{L}{A} = \rho \frac{r}{4\pi r^2} = \frac{\rho}{4\pi r} \tag{3-27}$$

$$V = IR = \frac{\rho I}{4\pi r} = \frac{I}{4\pi r \sigma} \tag{3-28}$$

式中，$R$ 为电阻，$V$ 为电压。

对于均匀各向同性半空间，设地面为无限大平面，地下充满均匀、各向同性的

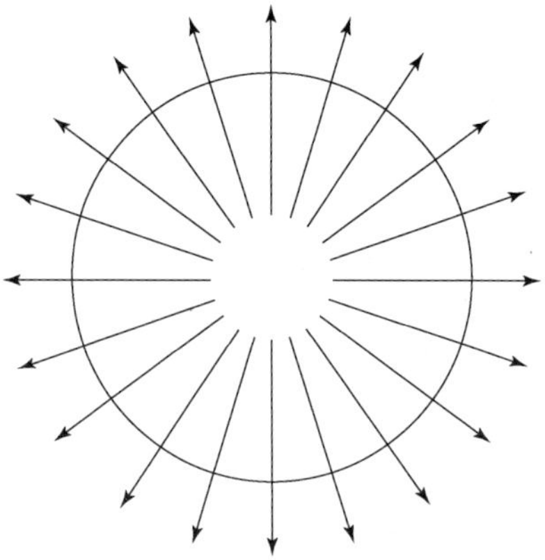

图 3-7　无限介质中的点源

导电介质，当点电流源在地表向地下供入电流 $I$ 时，电流密度为 $j = \dfrac{I}{2\pi r^2}$，地中电场线的分布便以 $A$ 为中心向周围呈辐射状，如图 3-8 所示。

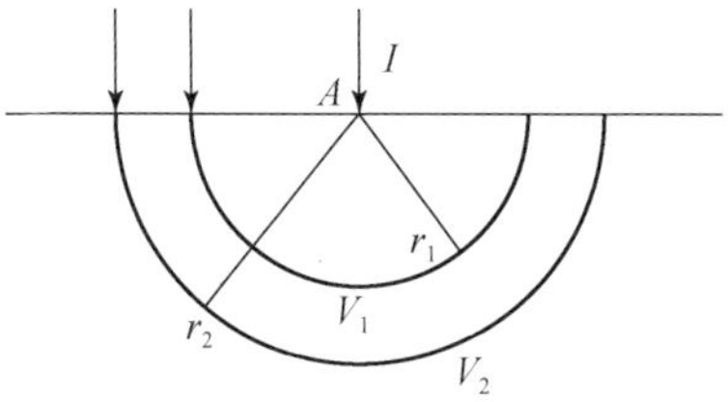


图 3-8　均匀半空间一个点源产生的电场线

$$E = -\,\mathrm{grad}V = -\nabla V \tag{3-29}$$

$$j = \sigma E = -\sigma \nabla V \tag{3-30}$$

可得

$$V = \frac{\rho I}{2\pi r} \tag{3-31}$$

$$E = \frac{I\rho}{2\pi r^2} \tag{3-32}$$

地面上两点之间的电位差为 $\Delta V = V_1 - V_2 = \dfrac{\rho I}{2\pi r_1} - \dfrac{\rho I}{2\pi r_2}$。

图 3-9 给出单个点源的电位，图 3-10 给出点源的电势三维分布。可以看出，单个点源的电场在任一点的电位、电流密度和电场强度都正比于点源的电流 $I$。其中电位与距离 $r$ 成反比，而电流密度和电场强度则与 $r$ 的平方成反比。$j$ 的方向与矢径的方向一致，处处与等位面正交。而且在点源附近电位衰减较快，随着远离点源

衰减变慢。

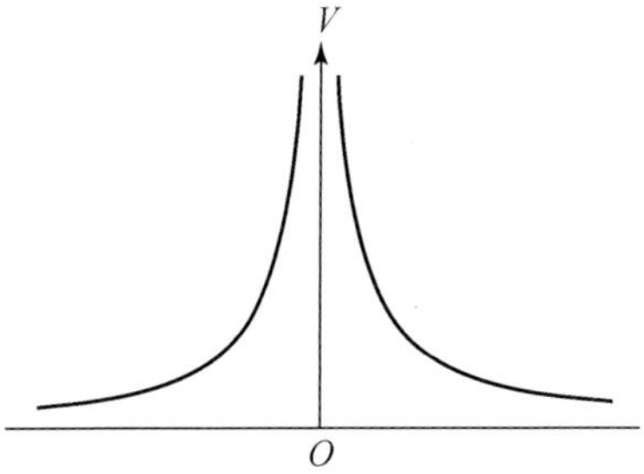


图 3-9　单个点源的电位图

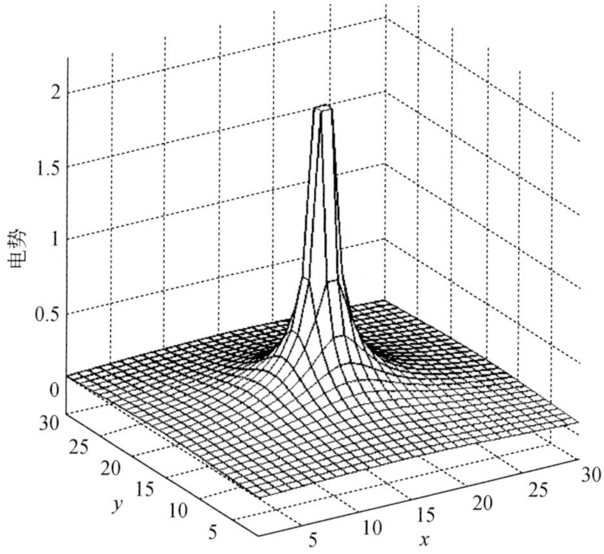


图 3-10　单个点源的电势三维分布图

### 3.4.2　两个异性点源的场响应

对于在地表的两个异性点电流源的场,按照叠加原理,任一点的场强是 $A$ 和 $B$ 在该点的场强的矢量和,而其电位应该是 $+I$ 和 $-I$ 在该点电位的标量和。

任一点 $M$ 的电位为

$$\begin{cases} V_M^A = \dfrac{I\rho}{2\pi \cdot AM} \\ V_M^B = -\dfrac{I\rho}{2\pi \cdot BM} \\ V_M^{AB} = \dfrac{I\rho}{2\pi \cdot AM} - \dfrac{I\rho}{2\pi \cdot BM} \end{cases} \tag{3-33}$$

式中,$AM$、$BM$ 分别为 $M$ 点到 $A$ 和 $B$ 的距离。电场强度为

$$E = E^A + E^B = \frac{I\rho}{2\pi}\left(\frac{1}{\overline{AM}^2} \cdot \frac{\overrightarrow{AM}}{|AM|} + \frac{1}{\overline{BM}^2} \cdot \frac{\overrightarrow{BM}}{|BM|}\right) \tag{3-34}$$

从图 3-11 和图 3-12 中可以看出,在靠近电极处电位变化快,向着 $A$ 极方向迅速增加,而向着 $B$ 极方向迅速减小。在 $AB$ 中间段,电位变化较慢,并在 $AB$ 中点出现零电位。$AB$ 中部电位梯度变化不大,场强值变化也不大,从三维效果图(图 3-12)可明显看出场值变化情况。

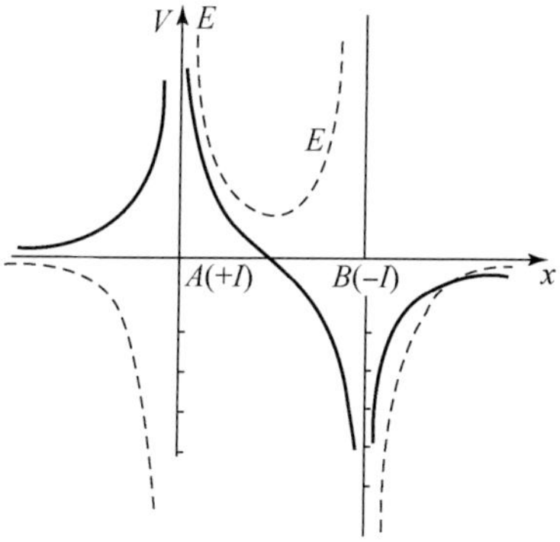


图 3-11 两个异性点源的电位和电场

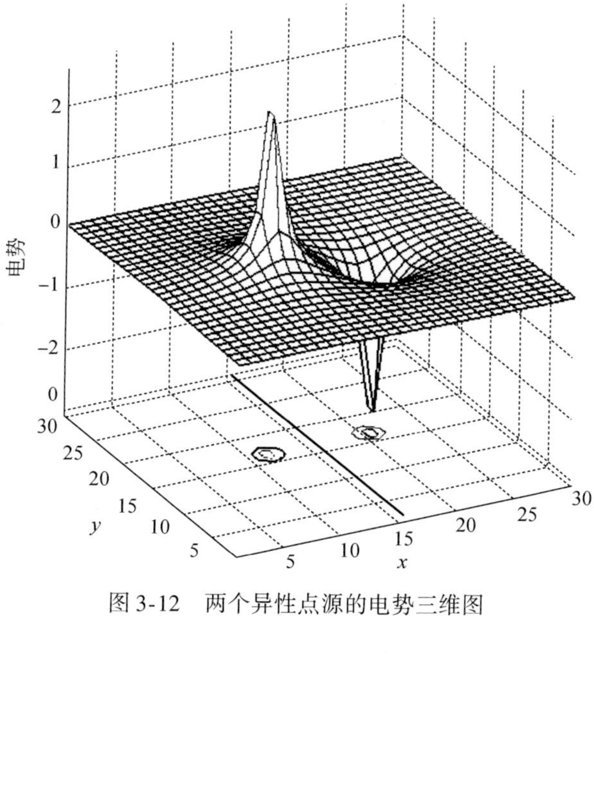


图 3-12 两个异性点源的电势三维图

### 3.4.3　电偶极源的场

如图 3-13 所示,偶极源在地面,地下任一点电位为

$$V = \frac{I\rho}{2\pi R_A} - \frac{I\rho}{2\pi R_B} = m\frac{\cos\theta}{R^2} \tag{3-35}$$

式中, $m = \frac{I\rho}{2\pi}a$ 是偶极源的偶极矩,$a$ 为 $AB$ 间的距离。

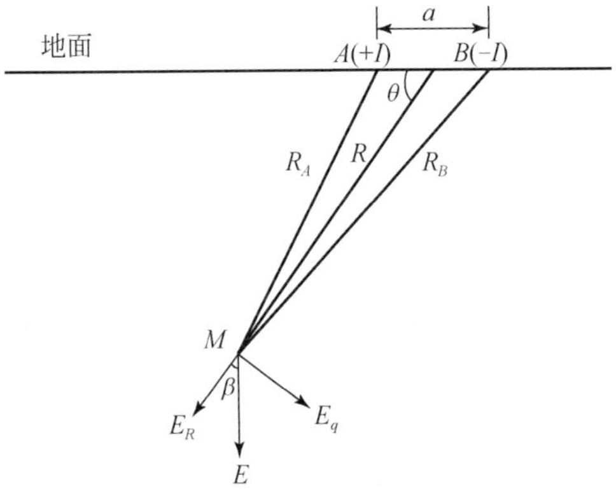


图 3-13　地面偶极源的地下电场

$M$ 点的电场强度可分解为沿向径 $OM$ 的 $E_R$ 和垂直向径方向的 $E_\theta$ :

$$E_R = -\frac{\partial U}{\partial R} = \frac{2m}{R^3}\cos\theta \tag{3-36}$$

$$E_\theta = -\frac{1}{R}\frac{\partial U}{\partial \theta} = \frac{m}{R^3}\cos\theta \tag{3-37}$$

于是

$$E = \sqrt{E_R^2 + E_\theta^2} = \frac{m}{R^3}\sqrt{3\cos^2\theta + 1} \tag{3-38}$$

根据电流密度和电场强度的关系可得

$$j_R = \frac{2m}{\rho R^3}\cos\theta \tag{3-39}$$

$$j_\theta = \frac{m}{\rho R^3}\cos\theta \tag{3-40}$$

$$j = \frac{m}{\rho R^3}\sqrt{3\cos^2\theta + 1} \tag{3-41}$$

可见,电流密度在地下的分布特征和电场强度相同。

## 3.5 小　　结

本章分析了天线理论和电法勘探领域的偶极子微元及由这些偶极子微元产生的场。天线理论中的偶极子微元包括电偶极子、磁偶极子及目前发展较多的单极子天线。勘探电磁学主要是以电偶极子源和磁偶极源为偶极子微元。

对于天线理论中的偶极子微元,不管是对电偶极子还是磁偶极子,在近区,感应场很强,辐射场相对于感应场可以忽略。而在远区,辐射场较强,感应场相对于辐射场可以忽略。因而近区主要显现感应场的性质,远区主要显现辐射场的性质。尽管在近区内辐射场比感应场小,但仍比远区的辐射场大很多,这是由源点到观测点的距离来控制的。而单极子天线场更加集中,更具方向性,在场值方面与电偶极子相当。虽然在远区或近区时电磁场的表达式差别较大,但不论是在近区还是远区,观测点与源的距离都满足偶极子条件,元天线(电偶极子)场的表达式也是在这个前提下得到的。因此,当观测点到源的距离不能满足偶极子条件时,使用偶极子场的公式将带来较大的计算误差。

对于直流点电荷的电位和场强变化,分别分析了一个点源、两个异性点源和电偶极源的电位公式和场强公式,并给出了其电位分布图及三维模拟图。

由于传统电磁勘探理论中,偶极子场的求取需要利用静电场和恒定电流场的比拟,因此,静电场和恒定电流场中的偶极子微元的研究也就具有重要意义。同时,进一步给出偶极子近似天线电荷源和线电流源的精确解。

# 第 4 章 瞬变电磁场的频时变换解

在地球物理勘探领域,直到 20 世纪 60 年代,瞬变电磁学的大深度探测能力才被发现,并得到学界的认可。在瞬变电磁学发展的早期,时域电磁学问题研究主要集中于解析方法,但是,由于麦克斯韦方程在时域求解中比在频域求解中增加了一个时间变量,大大增加了求解难度,通常情况下,为了简化计算难度,采用积分变换的方法。所谓积分变换法,即利用傅里叶变换或拉普拉斯变换,先在变换域求得频域解,然后再变换到时域。积分变换的思想在瞬变电磁场的求解中得到了广泛应用。以往的研究推导均匀半空间介质中偶极子源的瞬变电磁场,采用的就是积分变换的思路,最终得到具有闭合形式的解析解。

同时,积分变换法求解并不局限于解析解的求解,因为在积分变换求解析解时会遇到双重困难:首先在变换域求得具有封闭形式的解析解,其次要求其逆变换不仅存在而且具有封闭解析式。这对于大多数存在的求解条件都是不成立的。因此,可以将积分变换法拓展到非解析解的求解中。对于水平层状介质下的偶极子源的瞬变电磁场的求解也是使用积分变换法,但我们无法得到闭合形式的解析解,只能得到数值解,通过数值计算方法实现频时变换,如汉克尔变换、余弦变换等。

本章以均匀导电全空间和层状大地表面的偶极子微元为例,分析瞬变电磁场的频时变换求解过程,并对频时变换可能引起的计算误差进行分析。

## 4.1 均匀导电全空间偶极源

勘探电磁学中的偶极源响应的推导是基于比拟的思想得到的,在确定谐变源的位函数的系数时,将谐变过程比拟到频率为 0 的恒定电流场,简化了求解的难度。下面给出详细的推导过程。

在 Kaufman 和 Keller(1983)的著作中,定义了电矢量位 $\boldsymbol{A}^{\mathrm{m}}$ 和磁矢量位 $\boldsymbol{A}^{\mathrm{e}}$

$$\boldsymbol{E} = \nabla \times \boldsymbol{A}^{\mathrm{m}} \tag{4-1}$$

$$\boldsymbol{H} = \nabla \times \boldsymbol{A}^{\mathrm{e}} \tag{4-2}$$

然后应用恒定电流磁偶极子的公式,“比拟”出谐变磁偶极子的矢量电位和矢量磁位。

众所周知,电磁场的求解是非常困难的,为此引入了位函数,如矢量位、标量位、赫兹位、德拜位、谢昆诺夫位等。

对于求解磁偶极子所形成的电磁场,我们采用式(4-1)所引入的电矢量位 $\boldsymbol{A}^{\mathrm{m}}$,

然而由式(4-1)所定义的电矢量位不是唯一的,矢量位仅确定到任意标量函数的梯度,引入标量位

$$\boldsymbol{H} = \sigma \boldsymbol{A}^{\mathrm{m}} + \varepsilon \frac{\partial \boldsymbol{A}^{\mathrm{m}}}{\partial t} - \mathrm{grad}U \tag{4-3}$$

取球坐标系,磁偶极源置于原点。磁偶极源 $IdS$ 的矢量位 $\boldsymbol{A}^{\mathrm{m}}$ 仅有 $z$ 分量,球坐标下的矢量位公式的形式为

$$\frac{1}{r^2}\frac{\mathrm{d}}{\mathrm{d}r}\left(r^2 \frac{\mathrm{d}A_z^{\mathrm{m}}}{\mathrm{d}r}\right) + k^2 A_z^{\mathrm{m}} = 0$$

式中, $r$ 为场点至坐标原点的距离, $k^2 = \mathrm{i}\sigma\omega\mu + \omega^2\varepsilon\mu$ 为波数。此方程的一个解为

$$A_z^{\mathrm{m}} = C_{\mathrm{m}} \frac{\mathrm{e}^{\mathrm{i}kr}}{r} \tag{4-4}$$

对上式取散度,有

$$\nabla \cdot \boldsymbol{A}^{\mathrm{m}} = \frac{\partial A_z^{\mathrm{m}}}{\partial z} = C_{\mathrm{m}} \frac{\mathrm{e}^{\mathrm{i}kr}}{r^2}(\mathrm{i}kr - 1)\cos\theta \tag{4-5}$$

根据洛伦兹(Lorentz)规范条件,得到谐变场标量位磁位 $\boldsymbol{\Phi}^{\mathrm{m}}$ 表达式

$$\boldsymbol{\Phi}^{\mathrm{m}} = C \frac{\mathrm{e}^{\mathrm{i}kr}}{r^2}(1 - \mathrm{i}kr)\cos\theta \tag{4-6}$$

已经证明,通有恒定电流的磁偶极子产生的磁位 $\boldsymbol{\Phi}_0^{\mathrm{m}}$ 为

$$\boldsymbol{\Phi}_0^{\mathrm{m}} = \frac{M}{4\pi r^2}\cos\theta \tag{4-7}$$

式中, $M = IdS$ 为磁偶极矩。取极限 $\omega \to 0, \boldsymbol{\Phi}^{\mathrm{m}} \to \boldsymbol{\Phi}_0^{\mathrm{m}}$,确定式(4-6)中的系数 $C_{\mathrm{m}}$ ,由此得到频域磁偶极子的矢量电位

$$A_z^{\mathrm{m}} = \frac{\mathrm{i}\omega\mu I\mathrm{d}S}{4\pi}\frac{\mathrm{e}^{ikr}}{r} \tag{4-8}$$

在求解过程中,系数的确定体现了由恒定电流场求解谐变场的“比拟”思想。

将频域矢量位进行拉普拉斯变换,得到阶跃函数激发的时域表达式

$$A_z = \frac{\mu M}{4\pi R}\left[\delta(t - \tau_0)\mathrm{e}^{-\alpha\tau_0} + \mathrm{I}_1(\alpha\sqrt{t^2 - \tau_0^2})\alpha \cdot \tau_0 \cdot \mathrm{e}^{-\alpha t}\frac{1}{\sqrt{t^2 - \tau_0^2}} \cdot u(t - \tau_0)\right] \tag{4-9}$$

其中, $\tau_0 = \sqrt{\mu\varepsilon}R, \alpha = \dfrac{\sigma}{2\varepsilon}$ , $\mu$ 为磁导率, $\varepsilon$ 为介电常数, $\sigma$ 为电导率;$R$ 为偶极源到观测点的距离;$M$ 为偶极矩; $\mathrm{I}_1$ 为一阶修正贝塞尔函数; $\delta(t - \tau_0)$ 为狄拉克函数。

在给出时域位函数的表达式之后,利用矢量位的定义,电场与矢量位之间的关系式为

$$E_{\varphi} = -\frac{\partial A_z}{\partial r}\sin\theta \tag{4-10}$$

将式(4-10)代入上式,得

$$E_\varphi = -\frac{\partial}{\partial r}\left\{\frac{\mu M}{4\pi r}\left[\delta(t - r/c)e^{-\alpha(r/c)} + I_1(\alpha\sqrt{t^2 - r^2/c^2})\alpha \cdot \frac{r}{c} \cdot e^{-\alpha t}\frac{1}{\sqrt{t^2 - r^2/c^2}} \cdot u(t - r/c)\right]\right\}\sin\theta$$

在上式的后续处理中要涉及 $\delta(t-r/c)$ 和 $u(t-r/c)$ 的求导，需要考虑特殊时刻的求导处理，只有在 $t=r/c$ 时 $\delta(t-r/c)$ 不为零，只有在 $t>r/c$ 时 $u(t-r/c)$ 才有值。因此，在求微分的过程中，可以将上式分成两部分处理：

$$E_{\varphi1} = -\frac{\partial}{\partial r}\left\{\frac{\mu M}{4\pi r}[\delta(t - r/c)e^{-\alpha(r/c)}]\right\}\sin\theta \quad (t = r/c) \tag{4-11}$$

$$E_{\varphi2} = -\frac{\partial}{\partial R}\left\{\frac{M}{4\pi r}\left[I_1(\alpha\sqrt{t^2 - r^2/c^2})\alpha \cdot \frac{r}{c} \cdot e^{-\alpha t}\frac{1}{\sqrt{t^2 - r^2/c^2}} \cdot u(t - r/c)\right]\right\}\sin\theta \quad (t > r/c) \tag{4-12}$$

对上面两式分别进行进一步的推导，得到

$$E_{\varphi1} = \frac{\mu M}{4\pi r^2}\left[(1 + \alpha r/c)\delta(t - r/c) + \frac{r}{c}\delta'(t - r/c)\right]e^{-\alpha(r/c)}\sin\theta \tag{4-13}$$

$$E_{\varphi2} = \frac{\mu M}{4\pi}\frac{\alpha^2 r}{c^3}e^{-\alpha t}\frac{I_2(\alpha\sqrt{t^2 - r^2/c^2})}{t^2 - r^2/c^2}\sin\theta \tag{4-14}$$

在 $E_{\varphi2}$ 的推导过程中用到了

$$I_1{}'(x) = \frac{1}{2}(I_0(x) + I_2(x))$$

$$I_{n+1}(x) = -\frac{2n}{x}I_n(x) + I_{n-1}(x)$$

由 $\nabla \times \boldsymbol{E} = -\frac{\partial \boldsymbol{B}}{\partial t}$ 可以推出

$$\begin{cases} H_r = -\dfrac{1}{\mu}\displaystyle\int(\nabla \times \boldsymbol{E})_r dt = -\dfrac{1}{\mu}\displaystyle\int\frac{1}{r^2\sin\theta}\frac{\partial(r\sin\theta E_\varphi)}{\partial\theta}dt \\ H_\theta = -\dfrac{1}{\mu}\displaystyle\int(\nabla \times \boldsymbol{E})_\theta dt = -\dfrac{1}{\mu}\displaystyle\int\frac{r}{r^2\sin\theta}\left[-\frac{\partial(r\sin\theta E_\varphi)}{\partial r}\right]dt \end{cases} \tag{4-15}$$

将式(4-13)和式(4-14)分别代入上式，得到磁场分量在 $t=r/c$ 时的表达式

$$\begin{aligned} H_{r1} &= -\frac{1}{\mu}\int\frac{1}{r^2\sin\theta}\frac{\partial(r\sin\theta E_{\varphi1})}{\partial\theta}dt \\ &= -\frac{1}{\mu}\int\frac{1}{r^2\sin\theta}\frac{\partial(r\sin^2\theta(E_{\varphi1}/\sin\theta))}{\partial\theta}dt \\ &= -\frac{1}{\mu}\int\frac{\mu M2\cos\theta}{4\pi r^3}\left[(1 + \alpha r/c)\delta(t - r/c) + \frac{r}{c}\delta'(t - r/c)\right]e^{-\alpha(r/c)}dt \\ &= -\frac{1}{\mu}\int\frac{\mu M2\cos\theta}{4\pi r^3}\delta(t - r/c)dt \end{aligned}$$

$$= -\frac{2M\cos\theta}{4\pi r^3}U(t) \tag{4-16}$$

通过类似的推导,得到

$$\begin{aligned} H_{\theta 1} &= -\frac{1}{\mu}\int \frac{1}{r\sin\theta}\frac{\partial(-r\sin\theta E_{\varphi 1})}{\partial r}\mathrm{d}t \\ &= -\frac{M\sin\theta}{4\pi r^3}U(t) \end{aligned} \tag{4-17}$$

对于 $t > r/c$ 的情形,由于 $E_{\varphi 2}$ 中包含 $t$ 的复杂表达式,不能给出表达式的解析形式,以积分的形式给出

$$\begin{aligned} H_{r2} &= -\frac{1}{\mu}\int \frac{1}{r^2\sin\theta}\frac{\partial(r\sin\theta E_{\varphi 2})}{\partial\theta}\mathrm{d}t \\ &= -\int_0^t \frac{2M\cos\theta}{4\pi r^3}\alpha^2\left(\frac{r^3}{c^3}\right)\mathrm{e}^{-\alpha t}\frac{\mathrm{I}_2(\alpha\sqrt{t^2 - r^2/c^2})}{t^2 - r^2/c^2}\mathrm{d}t \end{aligned} \tag{4-18}$$

$$\begin{aligned} H_{\theta 2} &= -\frac{1}{\mu}\int \frac{1}{r\sin\theta}\frac{\partial(-r\sin\theta E_{\varphi 2})}{\partial r}\mathrm{d}t \\ &= \int_0^t \frac{M\sin\theta\alpha^2\mathrm{e}^{-\alpha t}}{4\pi c^3}\left[\frac{2\mathrm{I}_2}{t^2 - r^2/c^2} - \frac{2\mathrm{I}_2{}' \cdot \alpha r^2}{(t^2 - r^2/c^2)^{7/2}} + \frac{2r^2\mathrm{I}_2}{(t^2 - r^2/c^2)^4}\right]\mathrm{d}t \end{aligned} \tag{4-19}$$

式中

$$\mathrm{I}_2{}' = \frac{1}{\pi}\int_0^{\pi}\mathrm{e}^{-\alpha\sqrt{t^2-r^2}\cos\beta}\cos\beta\sin 2\beta\,\mathrm{d}\beta$$

式(4-13)～式(4-19)给出了磁偶极源的电、磁场的表达式,其中,第一项仅在信号到达的瞬间不为零,代表着绝缘介质中磁偶极源产生的场。

在勘探电磁学所研究的低频段,和位移电流相比,感应电流起主导作用,用准静态场来近似磁偶极源实际产生的场。给出阶跃电流断开时准静态场的表达式

$$\begin{cases} H_r = \dfrac{2M}{4\pi r^3}\left[\varphi(u) - \sqrt{\dfrac{2}{\pi}}u\mathrm{e}^{-u^2/2}\right]\cos\theta \\ H_\theta = \dfrac{M}{4\pi r^3}\left[\varphi(u) - \sqrt{\dfrac{2}{\pi}}u(1 + u^2)\mathrm{e}^{-u^2/2}\right]\sin\theta \\ E_\varphi = \sqrt{\dfrac{2}{\pi}}\dfrac{M\rho}{4\pi r^4}u^5\mathrm{e}^{-u^2/2}\sin\theta \end{cases} \tag{4-20}$$

式中,$\varphi(u) = \sqrt{\dfrac{2}{\pi}}\int_0^u \mathrm{e}^{-t^2/2}\mathrm{d}t$,$u = 2\pi r/\zeta$,$\zeta = \sqrt{2\pi\rho t \times 10^7}$,$\rho$ 表示电阻率。

## 4.2　层状大地偶极源理论

实际的激发源包括导线源和接地源两种形式,那么组成这两种形式源的偶极

子微元应该具有两种不同的场解形式,或者说,同样的源所处的介质不同,引出了不同的基元形式。位于自由空间或地表的导线源和位于大地中导电介质的接地源所激发的场具有完全不同的形式,因此,组成这两种实际源的偶极子微元也将具有完全不同的场解形式。

为了求解的简化,我们将两种形式的偶极子微元看作一个组合体来分析偶极子微元的场解。存在于均匀或层状大地的源产生的电磁场,可以表示成不同复入射角的平面电磁波的叠加。通过 TE 和 TM 模式分析求解过程会简化求解难度。任何方式的源存在不同的极化方式:TM 极化或 TE 极化,不同的极化方式会存在不同场分量的缺失,TE 极化不存在垂直电场,只存在垂直磁场,而 TM 极化只存在垂直电场,不存在垂直磁场。首先给出边值问题的通解,边值问题的通解是非齐次微分方程的特解和齐次方程的互补解的和,互补解需要借助 TE 势和 TM 势得到,分别给出 TE 极化和 TM 极化的势函数形式。谢昆诺夫引入一组势函数,为在由多个均匀区段组成的空间中求解波动方程提供便利。在每一个均匀区段,可以把电场和磁场看作电源和磁源造成的场的叠加,产生电磁场的既包括电流密度也包括磁流密度,同时引入磁单极以保证磁荷的连续性方程。在每一个均匀区段,将电场和磁场看作电源和磁源的场的叠加。

电源和磁源的势函数分别用 $\boldsymbol{A}$ 和 $\boldsymbol{F}$ 表示,谢昆诺夫势与电场和磁场的关系如下:

电源

$$\begin{cases}\boldsymbol{E}_{\mathrm{e}}=-\hat{z}\boldsymbol{A}+\dfrac{1}{\hat{y}}\nabla(\nabla\cdot\boldsymbol{A})\\ \boldsymbol{H}_{\mathrm{e}}=\nabla\times\boldsymbol{A}\end{cases}\tag{4-21}$$

磁源

$$\begin{cases}\boldsymbol{E}_{\mathrm{m}}=-\nabla\times\boldsymbol{F}\\ \boldsymbol{H}_{\mathrm{m}}=-\hat{y}\boldsymbol{A}+\dfrac{1}{\hat{z}}\nabla(\nabla\cdot\boldsymbol{F})\end{cases}\tag{4-22}$$

存在于均匀或层状大地中有限源的电磁场的解,由具有不同复入射角的平面电磁波的解叠加而成。由于不同介质分界面与坐标面(等 $z$ 平面)重合,因此,在解边值问题时可将偏微分方程变换成关于 $z$ 的常微分方程。坐标面在 $x$ 和 $y$ 方向均是无限的,所以变换的形式可以是汉克尔变换,也可以是二维傅里叶变换。在常规的求解中,利用关于层状大地的平面波阻抗公式得到傅里叶变换空间的解,再利用傅里叶反变换或汉克尔反变换得到最终时域解。

对于频率域问题,谐变场属于稳定场,没有开始也没有结束,初始条件的问题得以忽略,边值问题的通解是非齐次微分方程的特解和齐次方程的互补解的和。利用 TM 和 TE 模式的位来求取互补解,互补解以 $x$、$y$ 方向的波数在空间的待定系数表示,适用于任何源。然后再求其他类型源的特解,与互补解相加,利用反射系数确定互补解中的待定系数。

1) 互补解

在很多电磁学理论问题中，常限定矢量位只含有一个分量，比如只含有 $z$ 分量，那么

$$\boldsymbol{A} = A_z \boldsymbol{u}_z$$

矢量位 $\boldsymbol{A}$ 满足亥姆霍兹方程

$$\nabla^2 \boldsymbol{A} + k^2 \boldsymbol{A} = \boldsymbol{0} \tag{4-23}$$

为将上式变换为常微分方程，用二重傅里叶变换对

$$\tilde{F}(k_x, k_y, z) = \int_{-\infty}^{+\infty} \int_{-\infty}^{+\infty} F(x, y, z) \mathrm{e}^{-\mathrm{i}(k_x x + k_y y)} \mathrm{d}x \mathrm{d}y \tag{4-24}$$

$$F(x, y, z) = \frac{1}{4\pi^2} \int_{-\infty}^{+\infty} \int_{-\infty}^{+\infty} \tilde{F}(k_x, k_y, z) F(x, y, z) \mathrm{e}^{\mathrm{i}(k_x x + k_y y)} \mathrm{d}k_x \mathrm{d}k_y \tag{4-25}$$

进行变换，得

$$\frac{\mathrm{d}^2 \boldsymbol{A}}{\mathrm{d}z^2} = u^2 \boldsymbol{A} \tag{4-26}$$

式中，$u^2 = k_x^2 + k_y^2 - k^2$。

式(4-26)为频域波动方程的形式，与平面波的解相似，即

$$\boldsymbol{A}(k_x, k_y, z) = A^+ (k_x, k_y) \mathrm{e}^{-uz} + A^- (k_x, k_y) \mathrm{e}^{uz} \tag{4-27}$$

式中，角标+和−分别表示向下衰减解和向上衰减解。

对于一个 $N$ 层大地，我们在不同区域设定解，$u_n$ 为

$$u_n = (k_x^2 + k_y^2 - k_n^2)^{1/2} \tag{4-28}$$

式中，$k_n$ 是第 $n$ 层的波数。需要注意的是，在地表以上只能用向下衰减的解，在最底层只能用向上衰减的解。

2) 通解

对于含源的层位，除互补解外，还需加上非齐次微分方程的特解。现在考虑地面以上 $z=-h$ 处存在一点源的情形。如果将点源分解为 TE 和 TM 模式，由无限介质中点源的格林函数得到空气中的特解

$$A_p(k_x, k_y) \mathrm{e}^{-u_0 |z+h|} \quad (\mathrm{TM}) \tag{4-29}$$

$$F_p(k_x, k_y) \mathrm{e}^{-u_0 |z+h|} \quad (\mathrm{TE}) \tag{4-30}$$

它们在源以上和源以下都产生衰减。

可以将 $A_p F_p$ 看作入射场的振幅，或者称为一次场，依据平面波解的类推过程，得到大地上表面的位函数的表达式，以上角标“−”表示在地表向上衰减的解

$$\begin{cases} A_0^- = r_{\mathrm{TM}} A_p \mathrm{e}^{-u_0 h} \\ F_0^- = r_{\mathrm{TE}} F_p \mathrm{e}^{-u_0 h} \end{cases} \tag{4-31}$$

其中，$r_{\mathrm{TM}}$ 和 $r_{\mathrm{TE}}$ 为反射系数，由以下两式给出：

$$r_{\mathrm{TE}} = \frac{Y_0 - \hat{Y}_1}{Y_0 + \hat{Y}_1} \tag{4-32}$$

$$r_{\mathrm{TM}} = \frac{Z_0 - \hat{Z}_1}{Z_0 + \hat{Z}_1} \tag{4-33}$$

式中，$Y_0 = \dfrac{u_0}{\hat{z}_0}$ 为自由空间的本征导纳，$Z_0 = \dfrac{u_0}{\hat{y}_0}$ 为自由空间的本征阻抗，其中，$\hat{z}_0 = \mathrm{i}\omega\mu_0$，$\hat{y}_0 = \mathrm{i}\omega\varepsilon_0$。

对于 $N$ 层大地情况，地表导纳和阻抗分别为

$$\hat{Y}_1 = Y_1 \frac{\hat{Y}_2 + Y_1 \tanh(u_1 h_1)}{Y_1 + \hat{Y}_2 \tanh(u_1 h_1)}$$

$$\hat{Y}_n = Y_n \frac{\hat{Y}_{n+1} + Y_n \tanh(u_n h_n)}{Y_n + \hat{Y}_{n+1} \tanh(u_n h_n)}$$

$$\hat{Y}_n = Y_n$$

$$\hat{Z}_1 = Z_1 \frac{\hat{Z}_2 + Z_1 \tanh(u_1 h_1)}{Z_1 + \hat{Z}_2 \tanh(u_1 h_1)}$$

$$\hat{Z}_n = Z_n \frac{\hat{Z}_{n+1} + Z_n \tanh(u_n h_n)}{Z_n + \hat{Z}_{n+1} \tanh(u_n h_n)}$$

$$\hat{Z}_n = Z_n$$

$$Y_n = \frac{u_n}{\hat{Z}_n}, \quad Z_n = \frac{u_n}{\hat{y}_n}$$

$$u_n = (k_x^2 + k_y^2 - k_n^2)^{1/2}$$

$$k_n{}^2 = \omega^2 \mu_n \varepsilon_n - \mathrm{i}\omega\mu_n \varepsilon$$

从最底层开始逐步向上递推可得到 $\hat{Y}_1$ 和 $\hat{Z}_1$（地表的导纳和阻抗）。

对于非磁性均匀半空间的反射系数，由式(4-32)和式(4-33)得到

$$r_{\mathrm{TE}} = \frac{Y_0 - \hat{Y}_1}{Y_0 + \hat{Y}_1} = \frac{u_0 - u_1}{u_0 + u_1}$$

$$r_{\mathrm{TM}} = \frac{Z_0 - \hat{Z}_1}{Z_0 + \hat{Z}_1} = \frac{u_0 - \dfrac{\hat{y}_0}{\hat{y}_1} u_1}{u_0 + \dfrac{\hat{y}_0}{\hat{y}_1} u_1}$$

对于瞬变电磁勘查方法采用的低频段，$k_0 \hat{y}_0$ 很小，可以忽略，所以上式简化为

$$r_{\mathrm{TE}} \approx \frac{\lambda - u_1}{\lambda + u_1}$$

$$r_{\mathrm{TM}} \approx 1$$

式中，$\lambda=(k_x^2+k_y^2)^{1/2}$。

对于 TM 的极化模式，大地表面的切向磁场是一次场的 2 倍，而切向电场为 0；这时的大地可以看作理想的导体。如果一个源只产生 TM 极化（垂直电偶源），它的场不能敏感地反映大地中电阻率的变化，在下面的介绍中将不作分析。

对于任何适用类型的源，我们的推导都分别从通解和特解两个方面着手进行，将源与大地之间的特解与互补解（一次场和二次场）合并，得到变换空间的解

$$\tilde{A}=A_p\mathrm{e}^{-u_0h}(\mathrm{e}^{-u_0z}+r_{\mathrm{TM}}\mathrm{e}^{u_0z}) \tag{4-34}$$

$$\tilde{F}=F_p\mathrm{e}^{-u_0h}(\mathrm{e}^{-u_0z}+r_{\mathrm{TE}}\mathrm{e}^{u_0z}) \tag{4-35}$$

然后，通过反傅里叶变换得到位函数的时域表达式

$$A=\frac{1}{4\pi^2}\int_{-\infty}^{+\infty}\int_{-\infty}^{+\infty}A_p\mathrm{e}^{-u_0h}(\mathrm{e}^{-u_0z}+r_{\mathrm{TM}}\mathrm{e}^{u_0z})\mathrm{e}^{\mathrm{i}(k_xx+k_yy)}\mathrm{d}k_x\mathrm{d}k_y \tag{4-36}$$

$$F=\frac{1}{4\pi^2}\int_{-\infty}^{+\infty}\int_{-\infty}^{+\infty}F_p\mathrm{e}^{-u_0h}(\mathrm{e}^{-u_0z}+r_{\mathrm{TE}}\mathrm{e}^{u_0z})\mathrm{e}^{\mathrm{i}(k_xx+k_yy)}\mathrm{d}k_x\mathrm{d}k_y \tag{4-37}$$

针对不同的源类型，以不同源所产生垂向电场或磁场存在性作为限定条件，给出不同源的矢量势函数，然后借助矢量势与电磁场之间的关系，给出不同源的电磁场的表达式。

### 4.2.1　电偶极源

1. 层状大地

勘探电磁学中，对于短接地导线源，当其长度远小于与观测点的距离时，视为电偶极源。首先给出 $x$ 方向电偶极源的矢量势

$$\tilde{\boldsymbol{A}}=\frac{1}{2u_0}\mathrm{e}^{-u_0(z+h)}\boldsymbol{u}_x$$

电偶极源既产生垂直电场，又产生垂直磁场，利用上面的势函数与电场和磁场的表达式，给出垂直电场和垂直磁场的表达式。

$$\tilde{E}_z^p=\frac{1}{\hat{y}_0}\frac{\partial^2\tilde{A}_x}{\partial x\partial z}=-\frac{1}{2\hat{y}_0}\mathrm{i}k_x\mathrm{e}^{-u_0(z+h)} \tag{4-38}$$

$$\tilde{H}_z^p=-\frac{\partial\tilde{A}_x}{\partial y}=-\frac{1}{2u_0}\mathrm{i}k_y\mathrm{e}^{-u_0(z+h)} \tag{4-39}$$

因此，电偶极源的电磁场既有 TE 分量，也有 TM 分量。因为只有 TM 极化存在垂直电场，将式（4-38）与具有单一方向分量的势函数的垂直电场对应起来，势函数 TM 极化产生的电场和磁场各分量表达式为

$$
\begin{cases}
\mathrm{TM}_z \\
E_x = \dfrac{1}{\hat{y}} \dfrac{\partial^2 A_z}{\partial x \partial z} \\
E_y = \dfrac{1}{\hat{y}} \dfrac{\partial^2 A_z}{\partial y \partial z} \\
E_z = \dfrac{1}{\hat{y}} \left( \dfrac{\partial^2}{\partial z^2} + k^2 \right) A_z \\
H_x = \dfrac{\partial A_z}{\partial y} \\
H_y = - \dfrac{\partial A_z}{\partial x} \\
H_z = 0
\end{cases}
\tag{4-40}
$$

将式(4-40)中的 $E_z$ 与式(4-38)对应,得到

$$
E_z = \frac{1}{\hat{y}} \left( \frac{\partial^2}{\partial z^2} + k^2 \right) A_z = - \frac{1}{2\hat{y}_0} \mathrm{i} k_x \mathrm{e}^{-u_0(z+h)}
$$

令 $A_z = \mathrm{e}^{-u_0(z+h)} A_p$ ,代入上式,得到

$$
A_p = - \frac{1}{2} \frac{\mathrm{i} k_x}{k_x^2 + k_y^2} \tag{4-41}
$$

因为只有 TE 极化存在垂直磁场,将式(4-40)与具有单一方向分量的势函数的垂直磁场对应起来,势函数 TE 极化产生的电场和磁场各分量表达式为

$$
\begin{cases}
\mathrm{TE}_z \\
E_x = - \dfrac{\partial F_z}{\partial y} \\
E_y = \dfrac{\partial F_z}{\partial x} \\
E_z = 0 \\
H_x = \dfrac{1}{\hat{z}} \dfrac{\partial^2 F_z}{\partial x \partial z} \\
H_y = \dfrac{1}{\hat{z}} \dfrac{\partial^2 F_z}{\partial y \partial z} \\
H_z = \dfrac{1}{\hat{z}} \left( \dfrac{\partial^2}{\partial z^2} + k^2 \right) F_z
\end{cases}
\tag{4-42}
$$

将式(4-42)中的垂直磁场与式(4-40)对应,得到

$$
\tilde{H}_z^p = - \frac{\partial \tilde{A}_x}{\partial y} = - \frac{1}{2u_0} \mathrm{i} k_y \mathrm{e}^{-u_0(z+h)} = \frac{1}{\hat{z}} \left( \frac{\partial^2}{\partial z^2} + k^2 \right) F_z = H_z
$$

令 $F_z = \mathrm{e}^{-u_0(z+h)} F_p$，代入上式，得到

$$F_p = -\frac{\hat{z}_0}{2u_0}\frac{\mathrm{i}k_y}{k_x^2 + k_y^2} \tag{4-43}$$

将式(4-42)和式(4-43)代入层状介质平面波势函数的表达式

$$A = \frac{1}{4\pi^2}\int_{-\infty}^{\infty}\int_{-\infty}^{\infty} A_p \mathrm{e}^{-u_0 h}(\mathrm{e}^{-u_0 z} + r_{\mathrm{TM}}\mathrm{e}^{u_0 z})\mathrm{e}^{\mathrm{i}(k_x x + k_y y)}\mathrm{d}k_x \mathrm{d}k_y \tag{4-44}$$

$$F = \frac{1}{4\pi^2}\int_{-\infty}^{\infty}\int_{-\infty}^{\infty} F_p \mathrm{e}^{-u_0 h}(\mathrm{e}^{-u_0 z} + r_{\mathrm{TE}}\mathrm{e}^{u_0 z})\mathrm{e}^{\mathrm{i}(k_x x + k_y y)}\mathrm{d}k_x \mathrm{d}k_y \tag{4-45}$$

得到

$$A(x,y,z) = -\frac{1}{8\pi^2}\int_{-\infty}^{\infty}\int_{-\infty}^{\infty} \mathrm{e}^{-u_0 h}(\mathrm{e}^{-u_0 z} + r_{\mathrm{TM}}\mathrm{e}^{u_0 z})\frac{\mathrm{i}k_x}{k_x^2 + k_y^2}\mathrm{e}^{\mathrm{i}(k_x x + k_y y)}\mathrm{d}k_x \mathrm{d}k_y \tag{4-46}$$

$$F = -\frac{\hat{z}_0}{8\pi^2}\int_{-\infty}^{\infty}\int_{-\infty}^{\infty} \mathrm{e}^{-u_0 h}(\mathrm{e}^{-u_0 z} + r_{\mathrm{TE}}\mathrm{e}^{u_0 z})\frac{\mathrm{i}k_y}{k_x^2 + k_y^2}\frac{1}{u_0}\mathrm{e}^{\mathrm{i}(k_x x + k_y y)}\mathrm{d}k_x \mathrm{d}k_y \tag{4-47}$$

后面场各分量的推导将依据式(4-40)和式(4-42)进行。

以电场 $E_x$ 分量为例：

$$E_x = \frac{1}{\hat{y}}\frac{\partial^2 A_z}{\partial x \partial z} - \frac{\partial F_z}{\partial y}$$

将式(4-46)、式(4-47)代入上式，得到

$$\begin{aligned} E_x = &\frac{1}{8\pi^2 \hat{y}}\int_{-\infty}^{\infty}\int_{-\infty}^{\infty} \mathrm{e}^{-u_0 h}(-\mathrm{e}^{-u_0 z} + r_{\mathrm{TM}}\mathrm{e}^{u_0 z})\frac{u_0 k_x^2}{k_x^2 + k_y^2}\mathrm{e}^{\mathrm{i}(k_x x + k_y y)}\mathrm{d}k_x \mathrm{d}k_y \\ &- \frac{\hat{z}_0}{8\pi^2}\int_{-\infty}^{\infty}\int_{-\infty}^{\infty} \mathrm{e}^{-u_0 h}(\mathrm{e}^{-u_0 z} + r_{\mathrm{TE}}\mathrm{e}^{u_0 z})\frac{-k_y^2}{k_x^2 + k_y^2}\frac{1}{u_0}\mathrm{e}^{\mathrm{i}(k_x x + k_y y)}\mathrm{d}k_x \mathrm{d}k_y \end{aligned} \tag{4-48}$$

当源位于地表($h=0$)时，上式变为

$$\begin{aligned} E_x = &\frac{1}{8\pi^2 \hat{y}}\int_{-\infty}^{\infty}\int_{-\infty}^{\infty} (-\mathrm{e}^{-u_0 z} + r_{\mathrm{TM}}\mathrm{e}^{u_0 z})\frac{u_0 k_x^2}{k_x^2 + k_y^2}\mathrm{e}^{\mathrm{i}(k_x x + k_y y)}\mathrm{d}k_x \mathrm{d}k_y \\ &- \frac{\hat{z}_0}{8\pi^2}\int_{-\infty}^{\infty}\int_{-\infty}^{\infty} (\mathrm{e}^{-u_0 z} + r_{\mathrm{TE}}\mathrm{e}^{u_0 z})\frac{-k_y^2}{k_x^2 + k_y^2}\frac{1}{u_0}\mathrm{e}^{\mathrm{i}(k_x x + k_y y)}\mathrm{d}k_x \mathrm{d}k_y \end{aligned}$$

由 $\dfrac{k_y^2}{k_x^2 + k_y^2} = 1 - \dfrac{k_x^2}{k_x^2 + k_y^2}$，得到

$$\begin{aligned} E_x = &-\frac{1}{8\pi^2}\int_{-\infty}^{\infty}\int_{-\infty}^{\infty}\left[\frac{u_0}{\hat{y}}(\mathrm{e}^{-u_0 z} - r_{\mathrm{TM}}\mathrm{e}^{u_0 z}) - \frac{\hat{z}_0}{u_0}(\mathrm{e}^{-u_0 z} + r_{\mathrm{TE}}\mathrm{e}^{u_0 z})\right]\frac{k_x^2}{k_x^2 + k_y^2}\mathrm{e}^{\mathrm{i}(k_x x + k_y y)}\mathrm{d}k_x \mathrm{d}k_y \\ &- \frac{\hat{z}_0}{8\pi^2}\int_{-\infty}^{\infty}\int_{-\infty}^{\infty} (\mathrm{e}^{-u_0 z} + r_{\mathrm{TE}}\mathrm{e}^{u_0 z})\frac{1}{u_0}\mathrm{e}^{\mathrm{i}(k_x x + k_y y)}\mathrm{d}k_x \mathrm{d}k_y \end{aligned} \tag{4-49}$$

利用方程二重傅里叶变换转换成汉克尔变换的公式(Banos,1966)

$$\int_{-\infty}^{\infty}\int_{-\infty}^{\infty} F(k_x^2 + k_y^2)\mathrm{e}^{\mathrm{i}(k_x x + k_y y)}\mathrm{d}k_x \mathrm{d}k_y = 2\pi\int_0^{\infty} F(\lambda)\lambda \mathrm{J}_0(\lambda\rho)\mathrm{d}\lambda$$

得到

$$E_x = \frac{1}{4\pi}\frac{\partial^2}{\partial x^2}\int_0^\infty\left[\frac{u_0}{\hat{y}}(e^{-u_0z} - r_{TM}e^{u_0z}) - \frac{\hat{z}_0}{u_0}(e^{-u_0z} + r_{TE}e^{u_0z})\right]\frac{1}{\lambda}J_0(\lambda\rho)d\lambda$$
$$-\frac{\hat{z}_0}{4\pi}\int_0^\infty(e^{-u_0z} + r_{TE}e^{u_0z})\frac{\lambda}{u_0}J_0(\lambda\rho)d\lambda \tag{4-50}$$

水平电场的观测一般在地面上进行,此时,$z=0$,地表的电场表示为

$$E_x = \frac{1}{4\pi}\frac{\partial^2}{\partial x^2}\int_0^\infty\left[\frac{u_0}{\hat{y}}(1 - r_{TM}) - \frac{\hat{z}_0}{u_0}(1 + r_{TE})\right]\frac{1}{\lambda}J_0(\lambda\rho)d\lambda$$
$$-\frac{\hat{z}_0}{4\pi}\int_0^\infty(1 + r_{TE})\frac{\lambda}{u_0}J_0(\lambda\rho)d\lambda \tag{4-51}$$

式中,$J_0$ 为第一类零阶贝塞尔函数。

式(4-51)的第一项为大地中接地源产生的场,第二项由导线电流源产生。

类似地,我们可以得到地表电磁场其他分量的表达式:

$$E_y = -\frac{1}{4\pi}\frac{\partial}{\partial x}\frac{y}{\rho}\int_0^\infty\left[\frac{u_0}{\hat{y}}(1 - r_{TM}) - \frac{\hat{z}_0}{u_0}(1 + r_{TE})\right]J_1(\lambda\rho)d\lambda$$
$$H_x = \frac{1}{4\pi}\frac{\partial}{\partial x}\frac{y}{\rho}\int_0^\infty(r_{TM} + r_{TE})J_1(\lambda\rho)d\lambda \tag{4-52}$$
$$H_y = -\frac{1}{4\pi}\frac{\partial}{\partial x}\frac{x}{\rho}\int_0^\infty(r_{TM} + r_{TE})J_1(\lambda\rho)d\lambda - \frac{1}{4\pi}\int_0^\infty(1 - r_{TE})\lambda J_0(\lambda\rho)d\lambda$$
$$H_z = \frac{1}{4\pi}\frac{y}{\rho}\int_0^\infty(1 + r_{TE})\frac{\lambda^2}{u_0}J_1(\lambda\rho)d\lambda$$

其中,$y$ 表示观测点到偶极子微元的赤道距离;$\rho$ 为收发距;$J_1(\lambda\rho)$ 为一阶贝塞尔函数;$\lambda^2 = k_n^2 + u_n^2$,$k_n$ 表示波数。

对于含有一阶贝塞尔函数的汉克尔型积分式,我们需使用数字滤波的方法对式(4-51)和式(4-52)进行汉克尔变换,使用 Ghosh(1971)、Anderson(1979)等提出的由傅里叶变换得到的汉克尔变换的滤波系数,得到最终的场值响应。

### 2. 均匀半空间频域电磁场响应

与层状介质下的场值响应计算过程一致,首先给出电性源(导线源和接地源)的电磁场响应公式的推导过程。

在有限源问题中,当发射和接收装置均在地表,且频率足够低时,可以采用准静态近似。

$E_x$ 分量:

将

$$r_{TE} = \frac{u_0 - u_1}{u_0 + u_1},\quad r_{TM} = \frac{u_0 - \frac{\hat{y}_0}{\hat{y}_1}u_1}{u_0 + \frac{\hat{y}_0}{\hat{y}_1}u_1}$$

代入式(4-51)，并利用

$$(1-r_{TM})\frac{u_0}{\hat{y}_0}=2\left[\frac{u_1/\hat{y}_1}{u_0/\hat{y}_0+u_1/\hat{y}_1}\right]\frac{u_0}{\hat{y}_0}\approx 2\frac{u_1}{\hat{y}_1}$$

$$2\frac{u_1}{\hat{y}_1}-(1+r_{TE})\frac{\hat{z}_0}{u_0}\approx\frac{2}{\hat{y}_1}\left(u_1+\frac{k_1^2}{u_0+u_1}\right)\approx\frac{2\lambda}{\hat{y}_1}$$

和利普希茨积分，得到

$$E_x=I\mathrm{d}s\left[-\frac{\mathrm{i}\omega\mu_0}{2\pi}\int_0^\infty\frac{\lambda}{\lambda+u}\mathrm{J}_0(\lambda\rho)\mathrm{d}\lambda+\frac{\partial^2}{\partial x^2}\left(\frac{1}{2\pi\sigma\rho}\right)\right]\tag{4-53}$$

这里简化符号 $u=u_1$。

计算上式第一部分时利用福斯特积分，即

$$-\frac{\mathrm{i}\omega\mu_0}{2\pi}\int_0^\infty\frac{\lambda}{\lambda+u}\mathrm{J}_0(\lambda\rho)\mathrm{d}\lambda=-\frac{1}{2\pi\sigma\rho^3}[1-(\mathrm{i}k\rho+1)\mathrm{e}^{-\mathrm{i}k\rho}]$$

第二项中 $\rho=\sqrt{x^2+y^2}$，是 $x$ 的函数

$$\frac{\partial^2}{\partial x^2}\left(\frac{1}{2\pi\sigma\rho}\right)=\frac{\partial}{\partial x}\left[\frac{\partial}{\partial x}\left(\frac{1}{2\pi\sigma\rho}\right)\right]=\frac{\partial}{\partial x}\left[\frac{\partial}{\partial\rho}\left(\frac{1}{2\pi\sigma\rho}\right)\frac{\partial\rho}{\partial x}\right]$$

$$=\frac{\partial}{\partial x}\left(\frac{-x}{2\pi\sigma\rho^3}\right)=\frac{1}{2\pi\sigma\rho^3}\left(\frac{3x^2}{\rho^2}-1\right)$$

合并两式得到

$$E_x=-\frac{I\mathrm{d}s}{2\pi\sigma\rho^3}[1-(\mathrm{i}k\rho+1)\mathrm{e}^{-\mathrm{i}k\rho}]+\frac{I\mathrm{d}s}{2\pi\sigma\rho^3}\left(\frac{3x^2}{\rho^2}-1\right)$$

$$=\frac{I\mathrm{d}s}{2\pi\sigma\rho^3}\left[-2+(\mathrm{i}k\rho+1)\mathrm{e}^{-\mathrm{i}k\rho}+\frac{3x^2}{\rho^2}\right]\tag{4-54}$$

其中，第一项 $E_x'=-\frac{I\mathrm{d}s}{2\pi\sigma\rho^3}[1-(\mathrm{i}k\rho+1)\mathrm{e}^{-\mathrm{i}k\rho}]$ 为由导线电流源引起的电场，$E_x''=\frac{I\mathrm{d}s}{2\pi\sigma\rho^3}\left(\frac{3x^2}{\rho^2}-1\right)$ 为由接地项引起的电场。

类似地，得到其他分量的均匀半空间的频域表达式：

$H_y$ 分量：

$$H_y=\frac{I\mathrm{d}s}{4\pi}\frac{\partial^2}{\partial x^2}\int_0^\infty\frac{2}{\lambda+u}\mathrm{J}_0(\lambda\rho)\mathrm{d}\lambda-\frac{I\mathrm{d}s}{4\pi}\int_0^\infty\frac{2\lambda u}{\lambda+u}\mathrm{J}_0(\lambda\rho)\mathrm{d}\lambda\tag{4-55}$$

式中，第一项为接地项引起的 $y$ 方向磁场分量，第二项为导线电流源引起的 $y$ 方向磁场分量。

第一个积分：

$$H_{y1}=\frac{I\mathrm{d}s}{4\pi}\frac{\partial^2}{\partial x^2}\int_0^\infty\frac{2}{\lambda+u}\mathrm{J}_0(\lambda\rho)\mathrm{d}\lambda$$

$$=\frac{I\mathrm{d}s}{4\pi}\frac{\partial^2}{\partial x^2}\left\{\int_0^\infty\frac{1}{u}\mathrm{J}_0(\lambda\rho)\mathrm{d}\lambda+\int_0^\infty\frac{1}{u}\frac{u-\lambda}{u+\lambda}\mathrm{J}_0(\lambda\rho)\mathrm{d}\lambda\right\}$$

利用 Erdelyi 的公式及 $I_n$, $K_n$ 都是偶函数的性质得到

$$\int_0^\infty \frac{1}{u}\left(\frac{u-\lambda}{u+\lambda}\right)^n J_0(\lambda\rho)\,d\lambda = I_n\left(\frac{ik\rho}{2}\right)K_n\left(\frac{ik\rho}{2}\right)$$

进一步推导,得到

$$\frac{Ids}{4\pi}\frac{\partial^2}{\partial x^2}\left\{\int_0^\infty \frac{1}{u}J_0(\lambda\rho)\,d\lambda + \int_0^\infty \frac{1}{u}\frac{u-\lambda}{u+\lambda}J_0(\lambda\rho)\,d\lambda\right\}$$

$$=\frac{Ids}{4\pi}\frac{\partial^2}{\partial x^2}\left[I_0\left(\frac{ik\rho}{2}\right)K_0\left(\frac{ik\rho}{2}\right) + I_1\left(\frac{ik\rho}{2}\right)K_1\left(\frac{ik\rho}{2}\right)\right]$$

利用 Watson 的递推关系式

$$I'_0(z) = I_1(z)$$

$$K'_0(z) = -K_1(z)$$

$$I'_1(z) = I_0(z) - \frac{1}{z}I_1(z)$$

$$K'_1(z) = -K_0(z) - \frac{1}{z}K_1(z)$$

得到

$$\frac{Ids}{4\pi}\frac{\partial^2}{\partial x^2}\int_0^\infty \frac{2}{\lambda+u}J_0(\lambda\rho)\,d\lambda$$

$$=-\frac{Ids}{2\pi}\frac{\partial}{\partial x}\left[\frac{x}{\rho^2}I_1\left(\frac{ik\rho}{2}\right)K_1\left(\frac{ik\rho}{2}\right)\right]$$

$$=-\frac{Ids}{2\pi}\left[\frac{\partial}{\partial x}\left(\frac{x}{\rho^2}\right)\cdot I_1K_1 + \frac{\partial}{\partial x}(I_1K_1)\cdot\frac{x}{\rho^2}\right]$$

$$=-\frac{Ids}{2\pi}\left[\frac{1}{\rho^2}\cdot I_1K_1 - \frac{4x^2}{\rho^4}\cdot I_1K_1 + \frac{x^2}{\rho^4}\cdot\frac{ik\rho}{2}(I_0K_1 - I_1K_0)\right]$$

最终得到

$$H_{y1} = -\frac{Ids}{2\pi}\left[\frac{1}{\rho^2}\cdot I_1K_1 - \frac{4x^2}{\rho^4}\cdot I_1K_1 + \frac{x^2}{\rho^4}\cdot\frac{ik\rho}{2}(I_0K_1 - I_1K_0)\right] \tag{4-56}$$

第二个积分:

$$H_{y2} = -\frac{Ids}{4\pi}\int_0^\infty \frac{2\lambda u}{\lambda+u}J_0(\lambda\rho)\,d\lambda$$

$$=-\frac{Ids}{4\pi}\left[\int_0^\infty \lambda J_0(\lambda\rho)\,d\lambda - \frac{k^2}{4}\int_0^\infty \frac{1}{u}\left(1-\left(\frac{u-\lambda}{u+\lambda}\right)^2\right)J_0(\lambda\rho)\,d\lambda\right]$$

引入 $\int_0^\infty \lambda J_0(\lambda\rho)\,d\lambda = 0$,以及 $\int_0^\infty \frac{1}{u}\left(\frac{u-\lambda}{u+\lambda}\right)^n J_0(\lambda\rho)\,d\lambda = I_n\left(\frac{ik\rho}{2}\right)K_n\left(\frac{ik\rho}{2}\right)$ 的计算公式,得到

$$H_{y2} = \frac{Idsk^2}{16\pi}(I_0K_0 - I_2K_2)$$

中，$I_0$、$I_2$ 分别表示第一类零阶和二阶修正贝塞尔函数，$K_0$、$K_2$ 分别表示第二类零阶和二阶修正贝塞尔函数。

引入修正贝塞尔函数的递推公式

$$I_{n+1}(z) = I_{n-1}(z) - \frac{2n}{z}I_n(z)$$

$$K_{n+1}(z) = K_{n-1}(z) + \frac{2n}{z}K_n(z)$$

$$I_2K_2 = I_0K_0 - \frac{2}{z}I_1K_0 + \frac{2}{z}I_0K_1 - \frac{4}{z^2}I_1K_1$$

推出

$$\begin{aligned} H_{y2} &= \frac{Idsk^2}{16\pi}(I_0K_0 - I_2K_2) \\ &= \frac{Idsk^2}{16\pi}\left(\frac{2}{z}I_1K_0 - \frac{2}{z}I_0K_1 + \frac{4}{z^2}I_1K_1\right) \end{aligned}$$

其中，$I_1$ 表示第一类一阶修正贝塞尔函数，$K_1$ 表示第二类一阶修正贝塞尔函数。

将 $z = \frac{ik\rho}{2}$ 代入上式，得

$$H_{y2} = \frac{Idsk^2}{4\pi}\frac{1}{ik\rho}(I_1K_0 - I_0K_1) - \frac{Ids}{\pi\rho^2}I_1K_1 \tag{4-57}$$

合并推出

$$\begin{aligned} H_y = H_{y1} + H_{y2} &= -\frac{Ids}{2\pi}\left[\frac{1}{\rho^2}\cdot I_1K_1 - \frac{4x^2}{\rho^4}\cdot I_1K_1 + \frac{x^2}{\rho^4}\cdot\frac{ik\rho}{2}(I_0K_1 - I_1K_0)\right] \\ &\quad + \frac{Idsk^2}{4\pi}\frac{1}{ik\rho}(I_1K_0 - I_0K_1) - \frac{Ids}{\pi\rho^2}I_1K_1 \\ &= -\frac{Ids}{4\pi\rho^2}\left\{6I_1K_1 + ik\rho(I_1K_0 - I_0K_1) + \frac{x^2}{\rho^2}[ik\rho(I_0K_1 - I_1K_0) - 8I_1K_1]\right\} \end{aligned} \tag{4-58}$$

其中，$H_{y1}$，$H_{y2}$ 分别表示由接地项和导线电流源引起的 $y$ 方向磁场分量。

$E_z$ 分量：

$$\begin{aligned} E_z &= \frac{Ids}{2\pi}\frac{x}{\rho}\left[i\omega\mu\int_0^\infty \frac{\lambda}{\lambda + u}J_1(\lambda\rho)d\lambda + \frac{1}{\sigma}\int_0^\infty \lambda uJ_1(\lambda\rho)d\lambda\right] \\ &= \frac{Ids}{2\pi\sigma}\frac{x}{\rho}\left[\int_0^\infty \lambda(\lambda - u)J_1(\lambda\rho)d\lambda + \int_0^\infty \lambda uJ_1(\lambda\rho)d\lambda\right] \\ &= \frac{Ids}{2\pi\sigma}\frac{x}{\rho}\int_0^\infty \lambda^2J_1(\lambda\rho)d\lambda \\ &= -\frac{Ids}{2\pi\sigma}\frac{\partial}{\partial x}\int_0^\infty \lambda J_0(\lambda\rho)d\lambda = 0 \end{aligned}$$

当观测点从地下接近地表时，导电介质中的电场垂直分量接近于 0，因为在均

匀导电半空间与空气层的分界面,电流不能从导电的下半空间传播到绝缘的上半空间。虽然地表存在表面自由电荷,但自由电荷被位移电流从表面移除。当观测点由上部靠近地球表面时,垂直分量不消失,但观测地表上的电场垂直分量很困难,这里不再作进一步的计算(Weir,1980)。

而且,电场垂直分量完全是由接地项引起的。Kauahikaua(1978)给出了有限长接地导线源的垂直电场的计算公式

$$E_z = \frac{I}{2\pi\sigma\delta^2}\left[\int_0^\infty V_1(L_1 - 1)\mathrm{J}_0(gB)\mathrm{d}g + \mathrm{i}\{\mathrm{I}_0(\beta)\mathrm{K}_0(\beta) + \mathrm{I}_1(\beta)\mathrm{K}_1(\beta)\}\right]_{r_2}^{r_1}$$

为了得到与上面表达式一致的表示符号,引入

$$B = r/\delta,\quad \beta = \gamma_1 r/2,\quad g = \lambda\delta,\quad L_j = \frac{\sigma_j n_{j+1} L_{j+1} + \sigma_{j+1} n_j E_j}{\sigma_{j+1} n_j + \sigma_j n_{j+1} L_{j+1} E_j},\quad L_M = 1$$

对于 $M$ 层介质,$E_j = [1 - \exp(-2d_j n_j)]/[1 + \exp(-2d_j n_j)]$,$d_j$ 是第 $j$ 层的厚度;$\delta = (2/\mu_0\sigma_1\omega)^{1/2}$,$\sigma_j$ 是第 $j$ 层的电导率;$n_j = (\lambda^2 + \gamma_j^2)^{1/2}$,$\gamma_j^2 = \mathrm{i}\mu_0\sigma_j\omega$ 是准静态近似下的波数的平方。

对于均匀半空间介质情形,由于 $L_1 = 1$,所以公式第一部分为 0,$r_1 = [(x + l)^2 + y^2]^{1/2}$,$r_2 = [(x - l)^2 + y^2]^{1/2}$,$2l$ 表示电偶极源的长度,由于电偶极子的长度很小,$r_1 \approx r_2$,后一项也趋近于 0,和上面的结论一致。

$H_x$ 分量:

引入

$$r_{\mathrm{TE}} \approx \frac{\lambda - u_1}{\lambda + u_1},\quad r_{\mathrm{TM}} \approx 1$$

的准静态近似的条件,代入

$$H_x = \frac{I\mathrm{d}s}{4\pi}\frac{\partial}{\partial x}\frac{y}{r}\int_0^\infty (r_{\mathrm{TM}} + r_{\mathrm{TE}})\mathrm{e}^{u_0 z}\mathrm{J}_1(\lambda r)\mathrm{d}\lambda$$

令 $z=0$,得到

$$\begin{aligned} H_x &= -\frac{I\mathrm{d}s}{4\pi}\frac{\partial^2}{\partial x\partial y}\int_0^\infty \frac{2}{\lambda + u}\mathrm{J}_0(\lambda\rho)\mathrm{d}\lambda \\ &= -\frac{I\mathrm{d}s}{4\pi}\frac{\partial^2}{\partial x\partial y}\left[\int_0^\infty \frac{1}{u}\mathrm{J}_0(\lambda\rho)\mathrm{d}\lambda + \int_0^\infty \frac{1}{u}\frac{u - \lambda}{\lambda + u}\mathrm{J}_0(\lambda\rho)\mathrm{d}\lambda\right] \end{aligned}$$

利用 Erdelyi 的公式及 $\mathrm{I}_n$,$\mathrm{K}_n$ 都是偶函数的性质,得到

$$\int_0^\infty \frac{1}{u}\left(\frac{u - \lambda}{u + \lambda}\right)^n \mathrm{J}_0(\lambda\rho)\mathrm{d}\lambda = \mathrm{I}_n\left(\frac{\mathrm{i}k\rho}{2}\right)\mathrm{K}_n\left(\frac{\mathrm{i}k\rho}{2}\right)$$

推出

$$H_x = -\frac{I\mathrm{d}s}{4\pi}\frac{\partial^2}{\partial x\partial y}\left[\mathrm{I}_0\left(\frac{\mathrm{i}k\rho}{2}\right)\mathrm{K}_0\left(\frac{\mathrm{i}k\rho}{2}\right) + \mathrm{I}_1\left(\frac{\mathrm{i}k\rho}{2}\right)\mathrm{K}_1\left(\frac{\mathrm{i}k\rho}{2}\right)\right]$$

利用 Watson 的递推关系式,分别对 $x$,$y$ 进行微分运算,得到

$$H_x = \frac{I\mathrm{d}s}{4\pi}\frac{xy}{\rho^4}\left\{ \mathrm{i}k\rho\left[\mathrm{I}_0\left(\frac{\mathrm{i}k\rho}{2}\right)\mathrm{K}_1\left(\frac{\mathrm{i}k\rho}{2}\right) - \mathrm{I}_1\left(\frac{\mathrm{i}k\rho}{2}\right)\mathrm{K}_0\left(\frac{\mathrm{i}k\rho}{2}\right)\right] - 8\mathrm{I}_1\left(\frac{\mathrm{i}k\rho}{2}\right)\mathrm{K}_1\left(\frac{\mathrm{i}k\rho}{2}\right)\right\} \tag{4-59}$$

$E_y$ 分量：

将

$$r_{\mathrm{TE}} = \frac{u_0 - u_1}{u_0 + u_1},\quad r_{\mathrm{TM}} = \frac{u_0 - \dfrac{\hat{y}_0}{\hat{y}_1}u_1}{u_0 + \dfrac{\hat{y}_0}{\hat{y}_1}u_1}$$

$$(1 - r_{\mathrm{TM}})\frac{u_0}{\hat{y}_0} = 2\left[\frac{u_1/\hat{y}_1}{u_0/\hat{y}_0 + u_1/\hat{y}_1}\right]\frac{u_0}{\hat{y}_0} \approx 2\frac{u_1}{\hat{y}_1}$$

$$2\frac{u_1}{\hat{y}_1} - (1 + r_{\mathrm{TE}})\frac{\hat{z}_0}{u_0} \approx \frac{2}{\hat{y}_1}\left(u_1 + \frac{k_1^2}{u_0 + u_1}\right) \approx \frac{2\lambda}{\hat{y}_1}$$

代入式(4-52)，并利用利普希茨积分，得到

$$E_y = I\mathrm{d}s\left[\frac{\partial^2}{\partial x\partial y}\left(\frac{1}{2\pi\sigma\rho}\right)\right] \tag{4-60}$$

这里简化符号 $u = u_1$，$\rho = \sqrt{x^2 + y^2}$ 是 $x$，$y$ 的函数。

由

$$\frac{\partial^2}{\partial x\partial y}\left(\frac{1}{2\pi\sigma\rho}\right) = \frac{\partial}{\partial y}\left[\frac{\partial}{\partial x}\left(\frac{1}{2\pi\sigma\rho}\right)\right] = \frac{\partial}{\partial y}\left[\frac{\partial}{\partial \rho}\left(\frac{1}{2\pi\sigma\rho}\right)\frac{\partial\rho}{\partial x}\right]$$
$$= \frac{\partial}{\partial y}\left(\frac{-x}{2\pi\sigma\rho^3}\right) = \frac{3xy}{2\pi\sigma\rho^5}$$

得到

$$E_y = I\mathrm{d}s\left[\frac{\partial^2}{\partial x\partial y}\left(\frac{1}{2\pi\sigma\rho}\right)\right] = \frac{3I\mathrm{d}sxy}{2\pi\sigma\rho^5} \tag{4-61}$$

$H_z$ 分量：

由 $r_{\mathrm{TE}} = \dfrac{u_0 - u_1}{u_0 + u_1}$，$k_0 \approx 0$，$\lambda \approx u_0$，得到准静态的垂直磁场

$$H_z = \frac{I\mathrm{d}s}{2\pi}\frac{y}{\rho}\int_0^\infty \frac{\lambda^2}{\lambda + u}\mathrm{J}_1(\lambda\rho)\mathrm{d}\lambda = -\frac{I\mathrm{d}s}{2\pi}\frac{\partial}{\partial\rho}\int_0^\infty \frac{\lambda}{\lambda + u}\mathrm{J}_0(\lambda\rho)\mathrm{d}\lambda$$

其中，$\lambda^2 - u^2 = k^2$，用 $\lambda - u$ 乘被积函数的分子和分母，得到

$$H_z = -\frac{I\mathrm{d}s}{2\pi k^2}\frac{\partial}{\partial\rho}\left[\int_0^\infty \lambda^2\mathrm{J}_0(\lambda\rho)\mathrm{d}\lambda - \int_0^\infty \lambda u\mathrm{J}_0(\lambda\rho)\mathrm{d}\lambda\right]$$

利用利普希茨积分

$$\int_0^\infty \mathrm{e}^{-\lambda z}\mathrm{J}_0(\lambda\rho)\mathrm{d}\lambda = \frac{1}{r},\quad r = (\rho^2 + z^2)^{1/2}$$

和索末菲积分

$$\int_0^{\infty} \frac{\lambda}{u} e^{-uz} J_0(\lambda\rho) d\lambda = \frac{e^{-ikr}}{r}$$

得到

$$H_z = -\frac{Ids}{2\pi k^2} \frac{y}{\rho^5} [3 - (3 + 3ik\rho - k^2\rho^2) e^{-ik\rho}] \tag{4-62}$$

因此,均匀大地表面电偶极源激发的电磁场表达式为

$$E_x' = -\frac{Ids}{2\pi\sigma\rho^3}[1 - (ik\rho + 1)e^{-ik\rho}] \quad \text{（导线电流项）}$$

$$E_x'' = \frac{Ids}{2\pi\sigma\rho^3}\left(\frac{3x^2}{\rho^2} - 1\right) \quad \text{（接地项）}$$

$$H_{y1} = \frac{Ids}{4\pi} \frac{\partial^2}{\partial x^2}\left[I_0\left(\frac{ik\rho}{2}\right) K_0\left(\frac{ik\rho}{2}\right) + I_1\left(\frac{ik\rho}{2}\right) K_1\left(\frac{ik\rho}{2}\right)\right] \quad \text{（接地项）}$$

$$H_{y2} = \frac{Idsk^2}{16\pi}(I_0K_0 - I_2K_2) \quad \text{（导线电流项）}$$

$$(4\text{-}63)$$

$$E_z = 0 \quad \text{（接地项）}$$

$$H_x = -\frac{Ids}{4\pi} \frac{\partial^2}{\partial x \partial y}\left[I_0\left(\frac{ik\rho}{2}\right) K_0\left(\frac{ik\rho}{2}\right) + I_1\left(\frac{ik\rho}{2}\right) K_1\left(\frac{ik\rho}{2}\right)\right] \quad \text{（接地项）}$$

$$E_y = \frac{3Idsxy}{2\pi\sigma\rho^5} \quad \text{（接地项）}$$

$$H_z = -\frac{Ids}{2\pi k^2} \frac{y}{\rho^5} [3 - (3 + 3ik\rho - k^2\rho^2) e^{-ik\rho}] \quad \text{（导线电流项）}$$

3. 瞬变场

阶跃电流源激发的响应可以通过在频率域作 $s = i\omega$ 代换,用 $s$ 除,计算逆拉普拉斯变换得到。

这里需要用到一些常见的逆拉普拉斯变换的公式:

$$ik\rho = \alpha s^{1/2}, \quad k^2\rho^2 = -\alpha^2 s, \quad \alpha = (\mu\sigma)^{1/2}\rho$$

$$L^{-1}\left\{\frac{1}{s}\right\} = 1$$

$$L^{-1}\left\{\frac{1}{s} e^{-\alpha s^{1/2}}\right\} = \operatorname{erfc}\left(\frac{\alpha}{2t^{1/2}}\right)$$

$$L^{-1}\left\{\frac{1}{s^{1/2}} e^{-\alpha s^{1/2}}\right\} = \frac{1}{(\pi t)^{1/2}} e^{-\alpha^2/4t}$$

$$L^{-1}\{e^{-\alpha s^{1/2}}\} = \frac{\alpha}{2\pi^{1/2} t^{3/2}} e^{-\alpha^2/4t}$$

$$L^{-1}\left\{\frac{1}{s^2}\right\} = t$$

$$L^{-1}\left\{\frac{1}{s^{3/2}}e^{-\alpha s^{1/2}}\right\}=\frac{2t^{1/2}}{\pi^{1/2}}e^{-\alpha^2/4t}-\alpha\,\mathrm{erfc}\left(\frac{\alpha}{2t^{1/2}}\right)$$

$$L^{-1}\left\{\frac{1}{s^{2}}e^{-\alpha s^{1/2}}\right\}=t(1+2\alpha^2/4t)\,\mathrm{erfc}\left(\frac{\alpha}{2t^{1/2}}\right)-\frac{2\alpha t^{1/2}}{\pi^{1/2}}e^{-\alpha^2/4t}$$

令 $\theta=\left(\frac{\mu_0\sigma}{4t}\right)^{1/2}$，则 $\theta\rho=\frac{\alpha}{2t^{1/2}}$。

$E_x$ 分量：

$$\begin{aligned}e_x&=L^{-1}\left\{\frac{E_x}{s}\right\}=L^{-1}\left\{\frac{E'_x}{s}+\frac{E''_x}{s}\right\}\\&=-\frac{I\mathrm{d}s}{2\pi\sigma\rho^3}L^{-1}\left\{\frac{1}{s}-\frac{\alpha s^{1/2}e^{-\alpha s^{1/2}}}{s}-\frac{e^{-\alpha s^{1/2}}}{s}\right\}+\frac{I\mathrm{d}s}{2\pi\sigma\rho^3}\left(\frac{3x^2}{\rho^2 s}-\frac{1}{s}\right)\\&=-\frac{I\mathrm{d}s}{2\pi\sigma\rho^3}\left[\mathrm{erf}(\theta\rho)-\frac{2}{\sqrt{\pi}}\theta\rho e^{-\theta^2\rho^2}\right]+\frac{I\mathrm{d}s}{2\pi\sigma\rho^3}\left(\frac{3x^2}{\rho^2}-1\right)\end{aligned}\tag{4-64}$$

其中，erf 表示误差函数；$e'_x=-\frac{I\mathrm{d}s}{2\pi\sigma\rho^3}\left[\mathrm{erf}(\theta\rho)-\frac{2}{\sqrt{\pi}}\theta\rho e^{-\theta^2\rho^2}\right]$ 为导线电流项，在单独求取线电流产生的电场时，取正值，与电流的方向相同或平行；$e''_x=\frac{I\mathrm{d}s}{2\pi\sigma\rho^3}\left(\frac{3x^2}{\rho^2}-1\right)$ 为接地项。

$E_y$ 分量：

$$L^{-1}\left\{\frac{E_y}{s}\right\}=L^{-1}\left\{\frac{\frac{3I\mathrm{d}sxy}{2\pi\sigma\rho^5}}{s}\right\}=\frac{3I\mathrm{d}sxy}{2\pi\sigma\rho^5}\tag{4-65}$$

$E_z$ 分量：

由 $E_z=0$ 得到电场垂直分量的时间域解为 0。

$H_x$ 分量：

$$\begin{aligned}H_x&=-\frac{I\mathrm{d}s}{4\pi}\frac{\partial^2}{\partial x\partial y}\left[\mathrm{I}_0\left(\frac{ik\rho}{2}\right)\mathrm{K}_0\left(\frac{ik\rho}{2}\right)+\mathrm{I}_1\left(\frac{ik\rho}{2}\right)\mathrm{K}_1\left(\frac{ik\rho}{2}\right)\right]\\&=-\frac{I\mathrm{d}s}{4\pi}\frac{\partial^2}{\partial x\partial y}\left[\mathrm{I}_0\left(\frac{\alpha s^{1/2}}{2}\right)\mathrm{K}_0\left(\frac{\alpha s^{1/2}}{2}\right)+\mathrm{I}_1\left(\frac{\alpha s^{1/2}}{2}\right)\mathrm{K}_1\left(\frac{\alpha s^{1/2}}{2}\right)\right]\end{aligned}$$

由于对 $x$,$y$ 分量的求导与 $s$ 参数无关，所以二次导数不影响逆拉普拉斯变换的运算，根据拉普拉斯变换积分定理，若 $L^{-1}\{F(s)\}=f(t)$，则 $L^{-1}\left\{\frac{F(s)}{s}\right\}=\int_0^t f(u)\mathrm{d}u$。

查表有如下的拉普拉斯变换（Erdelyi，1954）：

$$L^{-1}\{\mathrm{K}_v(a^{1/2}s^{1/2}+b^{1/2}s^{1/2})\mathrm{I}_v(a^{1/2}s^{1/2}-b^{1/2}s^{1/2})\}=\frac{1}{2t}e^{-(a+b)/2t}\mathrm{I}_v\left(\frac{a-b}{2t}\right)$$

取 $a=\alpha^2/4$，$b=0$，得到

$$L^{-1}\left\{\mathrm{I}_0\left(\frac{\alpha s^{1/2}}{2}\right)\mathrm{K}_0\left(\frac{\alpha s^{1/2}}{2}\right)\right\}=\frac{1}{2t}e^{-\alpha^2/8t}\mathrm{I}_0\left(\frac{\alpha^2}{8t}\right)$$

$$L^{-1}\left\{\mathrm{I}_1\left(\frac{\alpha s^{1/2}}{2}\right)\mathrm{K}_1\left(\frac{\alpha s^{1/2}}{2}\right)\right\}=\frac{1}{2t}\mathrm{e}^{-\alpha^2/8t}\mathrm{I}_1\left(\frac{\alpha^2}{8t}\right)$$

则

$$L^{-1}\left\{\mathrm{I}_0\left(\frac{\alpha s^{1/2}}{2}\right)\mathrm{K}_0\left(\frac{\alpha s^{1/2}}{2}\right)+\mathrm{I}_1\left(\frac{\alpha s^{1/2}}{2}\right)\mathrm{K}_1\left(\frac{\alpha s^{1/2}}{2}\right)\right\}=\frac{1}{2t}\mathrm{e}^{-\alpha^2/8t}\mathrm{I}_0\left(\frac{\alpha^2}{8t}\right)+\frac{1}{2t}\mathrm{e}^{-\alpha^2/8t}\mathrm{I}_1\left(\frac{\alpha^2}{8t}\right)$$

$$L^{-1}\left\{\frac{\mathrm{I}_0\left(\frac{\alpha s^{1/2}}{2}\right)\mathrm{K}_0\left(\frac{\alpha s^{1/2}}{2}\right)+\mathrm{I}_1\left(\frac{\alpha s^{1/2}}{2}\right)\mathrm{K}_1\left(\frac{\alpha s^{1/2}}{2}\right)}{s}\right\}=\int_0^t\left(\frac{1}{2u}\mathrm{e}^{-\alpha^2/8u}\mathrm{I}_0\left(\frac{\alpha^2}{8u}\right)+\frac{1}{2u}\mathrm{e}^{-\alpha^2/8u}\mathrm{I}_1\left(\frac{\alpha^2}{8u}\right)\right)\mathrm{d}u$$

$$\int_0^t\left(\frac{1}{2u}\mathrm{e}^{-\alpha^2/8u}\mathrm{I}_0\left(\frac{\alpha^2}{8u}\right)+\frac{1}{2u}\mathrm{e}^{-\alpha^2/8u}\mathrm{I}_1\left(\frac{\alpha^2}{8u}\right)\right)\mathrm{d}u=\int_0^t\left(\frac{1}{2u}\mathrm{e}^{-\alpha^2/8u}\mathrm{I}_0\left(\frac{\alpha^2}{8u}\right)\right)\mathrm{d}u+\int_0^t\left(\frac{1}{2u}\mathrm{e}^{-\alpha^2/8u}\mathrm{I}_1\left(\frac{\alpha^2}{8u}\right)\right)\mathrm{d}u$$

使用分部积分分别计算上式中的积分，对 $x$，$y$ 二次求导，并改变符号，使其适用于瞬断阶跃，最终得到

$$\begin{aligned}h_x&=-\frac{I\mathrm{d}sxy}{2\pi\rho^4}\left\{\mathrm{e}^{-\alpha^2/8t}\left[\mathrm{I}_0\left(\frac{\alpha^2}{8t}\right)+2\mathrm{I}_1\left(\frac{\alpha^2}{8t}\right)\right]-1\right\}\\&=-\frac{I\mathrm{d}sxy}{2\pi\rho^4}\left\{\mathrm{e}^{-\theta^2\rho^2/2}\left[\mathrm{I}_0\left(\frac{\theta^2\rho^2}{2}\right)+2\mathrm{I}_1\left(\frac{\theta^2\rho^2}{2}\right)\right]-1\right\}\end{aligned}\tag{4-66}$$

$H_y$ 分量：

(1)

$$H_{y2}=\frac{I\mathrm{d}sk^2}{16\pi}(\mathrm{I}_0\mathrm{K}_0-\mathrm{I}_2\mathrm{K}_2)\quad（导线电流项）$$

查表有如下的拉普拉斯变换（Erdelyi，1954）：

$$L^{-1}\{\mathrm{K}_v(a^{1/2}s^{1/2}+b^{1/2}s^{1/2})\mathrm{I}_v(a^{1/2}s^{1/2}-b^{1/2}s^{1/2})\}=\frac{1}{2t}\mathrm{e}^{-(a+b)/2t}\mathrm{I}_v\left(\frac{a-b}{2t}\right)$$

取 $a=\alpha^2/4$，$b=0$，得到

$$L^{-1}\left\{\mathrm{I}_0\left(\frac{\alpha s^{1/2}}{2}\right)\mathrm{K}_0\left(\frac{\alpha s^{1/2}}{2}\right)\right\}=\frac{1}{2t}\mathrm{e}^{-\alpha^2/8t}\mathrm{I}_0\left(\frac{\alpha^2}{8t}\right)$$

$$L^{-1}\left\{\mathrm{I}_2\left(\frac{\alpha s^{1/2}}{2}\right)\mathrm{K}_2\left(\frac{\alpha s^{1/2}}{2}\right)\right\}=\frac{1}{2t}\mathrm{e}^{-\alpha^2/8t}\mathrm{I}_2\left(\frac{\alpha^2}{8t}\right)$$

则

$$L^{-1}\left\{\mathrm{I}_0\left(\frac{\alpha s^{1/2}}{2}\right)\mathrm{K}_0\left(\frac{\alpha s^{1/2}}{2}\right)-\mathrm{I}_2\left(\frac{\alpha s^{1/2}}{2}\right)\mathrm{K}_2\left(\frac{\alpha s^{1/2}}{2}\right)\right\}=\frac{1}{2t}\mathrm{e}^{-\alpha^2/8t}\mathrm{I}_0\left(\frac{\alpha^2}{8t}\right)-\frac{1}{2t}\mathrm{e}^{-\alpha^2/8t}\mathrm{I}_2\left(\frac{\alpha^2}{8t}\right)$$

$$h_{y2}=-\frac{I\mathrm{d}s\mu\sigma}{16\pi}\left[\frac{1}{2t}\mathrm{e}^{-\alpha^2/8t}\mathrm{I}_0\left(\frac{\alpha^2}{8t}\right)-\frac{1}{2t}\mathrm{e}^{-\alpha^2/8t}\mathrm{I}_2\left(\frac{\alpha^2}{8t}\right)\right]$$

将 $\theta=\left(\frac{\mu_0\sigma}{4t}\right)^{1/2}$ 代入上式，并改变符号，使其适用于瞬断阶跃，得到

$$h_{y2}=\frac{I\mathrm{d}s\theta^2}{8\pi}\mathrm{e}^{-\theta^2\rho^2/2}\left[\mathrm{I}_0\left(\frac{\theta^2\rho^2}{2}\right)-\mathrm{I}_2\left(\frac{\theta^2\rho^2}{2}\right)\right]$$

利用递推公式 $I_2(z) = I_0(z) - 2I_1(z)/z$，得到

$$I_0\left(\frac{\theta^2\rho^2}{2}\right) - I_2\left(\frac{\theta^2\rho^2}{2}\right) = \frac{2I_0\left(\frac{\theta^2\rho^2}{2}\right)}{\frac{\theta^2\rho^2}{2}} = \frac{4I_0\left(\frac{\theta^2\rho^2}{2}\right)}{\theta^2\rho^2}$$

代入上式，得到

$$h_{y2} = \frac{I\mathrm{d}s\theta^2}{8\pi}\mathrm{e}^{-\theta^2\rho^2/2}\frac{4I_1\left(\frac{\theta^2\rho^2}{2}\right)}{\theta^2\rho^2} = \frac{I\mathrm{d}s}{2\pi\rho^2}I_1\left(\frac{\theta^2\rho^2}{2}\right)\mathrm{e}^{-\theta^2\rho^2/2}$$

(2)

$$H_{y1} = \frac{I\mathrm{d}s}{4\pi}\frac{\partial^2}{\partial x^2}\left[I_0\left(\frac{\mathrm{i}k\rho}{2}\right)K_0\left(\frac{\mathrm{i}k\rho}{2}\right) + I_1\left(\frac{\mathrm{i}k\rho}{2}\right)K_1\left(\frac{\mathrm{i}k\rho}{2}\right)\right] \quad \text{（接地项）}$$

上式的求解过程与 $h_x$ 的求解过程类似：

$$\begin{aligned} H_{y1} &= \frac{I\mathrm{d}s}{4\pi}\frac{\partial^2}{\partial x^2}\left[I_0\left(\frac{\mathrm{i}k\rho}{2}\right)K_0\left(\frac{\mathrm{i}k\rho}{2}\right) + I_1\left(\frac{\mathrm{i}k\rho}{2}\right)K_1\left(\frac{\mathrm{i}k\rho}{2}\right)\right] \\ &= \frac{I\mathrm{d}s}{4\pi}\frac{\partial^2}{\partial x^2}\left[I_0\left(\frac{\alpha s^{1/2}}{2}\right)K_0\left(\frac{\alpha s^{1/2}}{2}\right) + I_1\left(\frac{\alpha s^{1/2}}{2}\right)K_1\left(\frac{\alpha s^{1/2}}{2}\right)\right] \end{aligned}$$

由于对 $x$ 分量的求导与 $s$ 参数无关，所以二次导数不影响逆拉普拉斯变换的运算，得到

$$h_{y1} = L^{-1}\left\{\frac{H_{y1}}{s}\right\} = \frac{I\mathrm{d}s}{4\pi}\frac{\partial^2}{\partial x^2}L^{-1}\left\{\frac{I_0\left(\frac{\alpha s^{1/2}}{2}\right)K_0\left(\frac{\alpha s^{1/2}}{2}\right) + I_1\left(\frac{\alpha s^{1/2}}{2}\right)K_1\left(\frac{\alpha s^{1/2}}{2}\right)}{s}\right\}$$

根据拉普拉斯变换积分定理，若 $L^{-1}\{F(s)\} = f(t)$，则 $L^{-1}\left\{\frac{F(s)}{s}\right\} = \int_0^t f(u)\mathrm{d}u$，查表有如下的拉普拉斯变换（Erdelyi, 1954）：

$$L^{-1}\{K_v(a^{1/2}s^{1/2} + b^{1/2}s^{1/2})I_v(a^{1/2}s^{1/2} - b^{1/2}s^{1/2})\} = \frac{1}{2t}\mathrm{e}^{-(a+b)/2t}I_v\left(\frac{a-b}{2t}\right)$$

取 $a = \alpha^2/4, b = 0$，得到

$$L^{-1}\left\{I_0\left(\frac{\alpha s^{1/2}}{2}\right)K_0\left(\frac{\alpha s^{1/2}}{2}\right)\right\} = \frac{1}{2t}\mathrm{e}^{-\alpha^2/8t}I_0\left(\frac{\alpha^2}{8t}\right)$$

$$L^{-1}\left\{I_1\left(\frac{\alpha s^{1/2}}{2}\right)K_1\left(\frac{\alpha s^{1/2}}{2}\right)\right\} = \frac{1}{2t}\mathrm{e}^{-\alpha^2/8t}I_1\left(\frac{\alpha^2}{8t}\right)$$

则

$$L^{-1}\left\{I_0\left(\frac{\alpha s^{1/2}}{2}\right)K_0\left(\frac{\alpha s^{1/2}}{2}\right) + I_1\left(\frac{\alpha s^{1/2}}{2}\right)K_1\left(\frac{\alpha s^{1/2}}{2}\right)\right\} = \frac{1}{2t}\mathrm{e}^{-\alpha^2/8t}I_0\left(\frac{\alpha^2}{8t}\right) + \frac{1}{2t}\mathrm{e}^{-\alpha^2/8t}I_1\left(\frac{\alpha^2}{8t}\right)$$

$$L^{-1}\left\{\frac{I_0\left(\frac{\alpha s^{1/2}}{2}\right)K_0\left(\frac{\alpha s^{1/2}}{2}\right) + I_1\left(\frac{\alpha s^{1/2}}{2}\right)K_1\left(\frac{\alpha s^{1/2}}{2}\right)}{s}\right\} = \int_0^t\left(\frac{1}{2u}\mathrm{e}^{-\alpha^2/8u}I_0\left(\frac{\alpha^2}{8u}\right) + \frac{1}{2u}\mathrm{e}^{-\alpha^2/8u}I_1\left(\frac{\alpha^2}{8u}\right)\right)\mathrm{d}u$$

$$\int_0^t\left(\frac{1}{2u}\mathrm{e}^{-\alpha^2/8u}\mathrm{I}_0\left(\frac{\alpha^2}{8u}\right)+\frac{1}{2u}\mathrm{e}^{-\alpha^2/8u}\mathrm{I}_1\left(\frac{\alpha^2}{8u}\right)\right)\mathrm{d}u=\int_0^t\left(\frac{1}{2u}\mathrm{e}^{-\alpha^2/8u}\mathrm{I}_0\left(\frac{\alpha^2}{8u}\right)\right)\mathrm{d}u+\int_0^t\left(\frac{1}{2u}\mathrm{e}^{-\alpha^2/8u}\mathrm{I}_1\left(\frac{\alpha^2}{8u}\right)\right)\mathrm{d}u$$

使用分部积分分别计算上式中的积分,并对 $x$ 二次求导,最终得到

$$h_{y1}=\frac{I\mathrm{d}s}{4\pi\rho^2}\left\{\mathrm{I}_1\left(\frac{\theta^2\rho^2}{2}\right)\left[-\mathrm{e}^{-\theta^2\rho^2/2}-2\mathrm{e}^{-\theta^2\rho^2/2}\left(\frac{2x^2}{\rho^2}-1\right)\right]\right.$$
$$\left.+\mathrm{I}_0\left(\frac{\theta^2\rho^2}{2}\right)\left[\left(1-\frac{2x^2}{\rho^2}\right)\mathrm{e}^{-\theta^2\rho^2/2}\right]+\frac{2x^2}{\rho^2}-1\right\}$$

上式为接地项时间域 $y$ 方向磁场分量的表达式。

将两部分合并,最终得到

$$h_y=h_{y1}+h_{y2}=\frac{I\mathrm{d}s}{2\pi\rho^2}\mathrm{I}_1\left(\frac{\theta^2\rho^2}{2}\right)\mathrm{e}^{-\theta^2\rho^2/2}$$
$$+\frac{I\mathrm{d}s}{4\pi\rho^2}\left\{\mathrm{I}_1\left(\frac{\theta^2\rho^2}{2}\right)\left[-\mathrm{e}^{-\theta^2\rho^2/2}-2\mathrm{e}^{-\theta^2\rho^2/2}\left(\frac{2x^2}{\rho^2}-1\right)\right]\right.$$
$$\left.+\mathrm{I}_0\left(\frac{\theta^2\rho^2}{2}\right)\left[\left(1-\frac{2x^2}{\rho^2}\right)\mathrm{e}^{-\theta^2\rho^2/2}\right]+\frac{2x^2}{\rho^2}-1\right\}$$
$$=\frac{I\mathrm{d}s}{4\pi\rho^2}\left\{\mathrm{I}_1\left(\frac{\theta^2\rho^2}{2}\right)\left(-\mathrm{e}^{-\theta^2\rho^2/2}-2\mathrm{e}^{-\theta^2\rho^2/2}\frac{2x^2}{\rho^2}\right)\right.$$
$$\left.+\mathrm{I}_0\left(\frac{\theta^2\rho^2}{2}\right)\left[\left(1-\frac{2x^2}{\rho^2}\right)\mathrm{e}^{-\theta^2\rho^2/2}\right]+\frac{2x^2}{\rho^2}-1\right\}\tag{4-67}$$

$H_z$ 分量:

$$H_z=-\frac{I\mathrm{d}s}{2\pi k^2}\frac{y}{\rho^5}[3-(3+3\mathrm{i}k\rho-k^2\rho^2)\mathrm{e}^{-\mathrm{i}k\rho}]\quad(\text{导线电流项})$$

$$h_z=L^{-1}\left\{\frac{H_z}{s}\right\}=L^{-1}\left\{\frac{-\frac{I\mathrm{d}s}{2\pi k^2}\frac{y}{\rho^5}[3-(3+3\mathrm{i}k\rho-k^2\rho^2)\mathrm{e}^{-\mathrm{i}k\rho}]}{s}\right\}$$
$$=\frac{-I\mathrm{d}sy}{2\pi\rho^3}\left\{-\frac{3}{4}\frac{1}{\theta^2\rho^2}+\frac{3}{4}\frac{1}{\theta^2\rho^2}\left[(1+2\theta^2\rho^2)\mathrm{erfc}(\theta\rho)-\frac{2}{\sqrt{\pi}}\theta\rho\mathrm{e}^{-\theta^2\rho^2}\right]\right.$$
$$\left.+\left(\frac{3}{\theta\rho}\frac{1}{\sqrt{\pi}}\mathrm{e}^{-\theta^2\rho^2}-3\mathrm{erfc}(\theta\rho)\right)+\mathrm{erfc}(\theta\rho)\right\}$$

化简得到

$$h_z=\frac{I\mathrm{d}sy}{4\pi\rho^3}\left[\frac{3}{2}\frac{\mathrm{erf}(\theta\rho)}{\theta^2\rho^2}+\mathrm{erfc}(\theta\rho)-\frac{3}{\theta\rho}\frac{1}{\sqrt{\pi}}\mathrm{e}^{-\theta^2\rho^2}\right]\tag{4-68}$$

在勘查地球物理中,常观测负阶跃函数 $u(-t)=1-u(t)$ 的响应 $f^{-1}(t)$ ,即观测一稳定电流被切断后场的衰减,$f^{-1}(t)=\int_t^{\infty}h(\tau)\mathrm{d}\tau=\int_0^{\infty}h(\tau)\mathrm{d}\tau-\int_0^t h(\tau)\mathrm{d}\tau,t\geqslant 0$,即 $f^{-1}(t)=f(\infty)-f(t),t\geqslant 0$。将公式用于垂直磁场公式,得到一个水平电偶极源突然消失后的垂直磁场衰减的公式

$$h_z' = \frac{Ids y}{4\pi\rho^3} - \frac{Ids y}{4\pi\rho^3}\left[\frac{3}{2}\frac{\mathrm{erf}(\theta\rho)}{\theta^2\rho^2} + \mathrm{erfc}(\theta\rho) - \frac{3}{\theta\rho}\frac{1}{\sqrt{\pi}}\mathrm{e}^{-\theta^2\rho^2}\right]$$
$$= \frac{Ids y}{4\pi\rho^3}\left[\left(1 - \frac{3}{2\theta^2\rho^2}\right)\mathrm{erf}(\theta\rho) + \frac{3}{\theta\rho}\frac{1}{\sqrt{\pi}}\mathrm{e}^{-\theta^2\rho^2}\right] \tag{4-69}$$

### 4.2.2　磁偶极子

类似于层状大地表面电偶极源产生的电磁场的推导过程,可以得到大地表面垂直磁偶极源产生的电磁场表达式

$$\begin{aligned}
E_\varphi &= -\frac{\hat{z}_0 m}{4\pi}\int_0^\infty [\mathrm{e}^{-u_0(z+h)} + r_{\mathrm{TE}}\mathrm{e}^{u_0(z-h)}]\frac{\lambda^2}{u_0}\mathrm{J}_1(\lambda\rho)\mathrm{d}\lambda \\
H_\rho &= \frac{m}{4\pi}\int_0^\infty [\mathrm{e}^{-u_0(z+h)} - r_{\mathrm{TE}}\mathrm{e}^{u_0(z-h)}]\lambda^2\mathrm{J}_1(\lambda\rho)\mathrm{d}\lambda \\
H_z &= \frac{m}{4\pi}\int_0^\infty [\mathrm{e}^{-u_0(z+h)} + r_{\mathrm{TE}}\mathrm{e}^{u_0(z-h)}]\frac{\lambda^3}{u_0}\mathrm{J}_0(\lambda\rho)\mathrm{d}\lambda
\end{aligned} \tag{4-70}$$

在均匀大地表面的电磁场的频域表达式为

$$\begin{aligned}
E_\varphi &= -\frac{m}{2\pi\sigma}\frac{1}{\rho^4}[3 - (3 + 3\mathrm{i}k\rho - k^2\rho^2)\mathrm{e}^{-\mathrm{i}k\rho}] \\
H_z &= \frac{m}{2\pi k^2}\frac{1}{\rho^5}[9 - (9 + 9\mathrm{i}k\rho - 4k^2\rho^2 - \mathrm{i}k^3\rho^3)\mathrm{e}^{-\mathrm{i}k\rho}] \\
H_\rho &= -\frac{mk^2}{4\pi\rho}\left[\mathrm{I}_1\left(\frac{\mathrm{i}k\rho}{2}\right)\mathrm{K}_1\left(\frac{\mathrm{i}k\rho}{2}\right) - \mathrm{I}_2\left(\frac{\mathrm{i}k\rho}{2}\right)\mathrm{K}_2\left(\frac{\mathrm{i}k\rho}{2}\right)\right]
\end{aligned} \tag{4-71}$$

经过逆拉普拉斯变换得到电磁场的时域表达式

$$\begin{aligned}
e_\varphi &= -\frac{m}{2\pi\sigma\rho^4}\left[3\mathrm{erf}(\theta\rho) - \frac{2}{\sqrt{\pi}}\theta\rho(3 + 2\theta^2\rho^2)\mathrm{e}^{-\theta^2\rho^2}\right] \\
h_z &= \frac{m}{4\pi\rho^3}\left[\frac{9}{2\theta^2\rho^2}\mathrm{erf}(\theta\rho) - \mathrm{erf}(\theta\rho) - \frac{1}{\sqrt{\pi}}\left(\frac{9}{\theta\rho} + 4\theta\rho\right)\mathrm{e}^{-\theta^2\rho^2}\right] \\
h_\rho &= \frac{m\theta^2}{2\pi\rho}\mathrm{e}^{-\theta^2\rho^2}\left[\mathrm{I}_1\left(\frac{\theta^2\rho^2}{2}\right) - \mathrm{I}_2\left(\frac{\theta^2\rho^2}{2}\right)\right]
\end{aligned} \tag{4-72}$$

## 4.3　频时变换引起的误差

虽然在某种条件下频域数据可以转换成时域数据,但就一次场对观测结果的影响而言,两者截然不同。以往先求得频域公式,然后经由频域到时域的转换,利用已有的时域场的结果来研究时域问题,不失为一种重要的方法,但是有时很难确定频率域中采取的哪些近似会对时域影响不大,哪些近似影响较大,可能会掩盖时域最本质的属性——因果律。无论何种形式的时间域-频率域转换都会引起截断

误差和混叠计算误差，例如，按照偶极子叠加由频域转换得到的回线源时域解，感应电动势往往在回线边框附近迅速增长，产生奇异。实际上，由于时域中的因果关系，对于以阶跃函数下降沿触发的瞬变场，当电源关断后，在原来的源点处不会发生奇异，这也是时域瞬变场能够实现频域无法实现的同点装置的原因。在恒定电流场时，偶极源的场解在源点时是奇异的。但我们在野外实际观测的数据是存在的，因为恒定电流场不存在场源的关断，一次场引起了场源处的奇异问题，而瞬变电磁法勘探中场源关断后的场解是非奇异的。这也是时间域瞬变电磁测深优于频率域测深的地方。

电偶源一般使用线性数字滤波、G-S 变换等方法进行转换，转换中存在计算误差，通过分析与解析解的对比，分析误差的变化。

Nabighian(1991)给出层状模型下的水平电偶源的垂直磁场频域解的表达式

$$H_z = \frac{I\mathrm{d}s}{4\pi}\frac{y}{r}\int_0^\infty (1 + r_{\mathrm{TE}})\mathrm{e}^{u_0 z}\frac{\lambda^2}{u_0}\mathrm{J}_1(\Lambda r)\mathrm{d}\lambda \tag{4-73}$$

其中，$I$ 表示激发电流；d$s$ 代表偶极源长度；$y$ 表示观测点到偶极源的赤道距离；$r$ 为收发距；$\mathrm{J}_1(\lambda\rho)$ 为一阶贝塞尔函数；$\lambda^2 = k_0^2 + u_0^2$，$k_0$ 表示波数；

$$r_{\mathrm{TE}} = \frac{Y_0 - \hat{Y}_1}{Y_0 + \hat{Y}_1},\quad Y_0 = \frac{u_0}{\hat{z}_0},\quad \hat{z}_0 = \mathrm{i}\omega\mu \tag{4-74}$$

对于 $N$ 层大地，地表导纳为

$$\hat{Y}_1 = \frac{\hat{Y}_2 + Y_1\tanh(u_1h_1)}{Y_1 + \hat{Y}_2\tanh(u_1h_1)},\quad \hat{Y}_n = \frac{\hat{Y}_{n+1} + Y_n\tanh(u_nh_n)}{Y_n + \hat{Y}_{n+1}\tanh(u_nh_n)}$$

$$\hat{Y}_n = Y_n,\quad Y_n = \frac{u_n}{\hat{z}_n},\quad u_n = (k_x^2 + k_y^2 - k_n^2)^{1/2},\quad k_n^2 = \omega^2\mu_n\varepsilon_n - \mathrm{i}\omega\mu_n\varepsilon$$

对式(4-73)进行傅里叶变换 $H(t) = \frac{2}{\pi}\int_0^\infty \frac{\mathrm{Im}H(\omega)}{\omega}\cos\omega t\mathrm{d}\omega$，得到时域瞬变电磁场响应公式

$$H_z(t) = \frac{2}{\pi}\int_0^\infty \mathrm{Im}\left[\frac{I\mathrm{d}s}{4\pi}\frac{y}{r}\int_0^\infty (1 + r_{\mathrm{TE}})\mathrm{e}^{u_0 z}\frac{\lambda^2}{u_0}\mathrm{J}_1(\lambda r)\mathrm{d}\lambda\right]\frac{\cos\omega t}{\omega}\mathrm{d}\omega$$

图 4-1 为分别使用均匀半空间的精确解和数字滤波方法在坐标点(0,1)处计算的场值之间的相对误差曲线。

在远区情况下，选取坐标点(0,1000)，图 4-2 给出该点的数字滤波方法场与精确解的相对误差曲线。

通过图 4-1 和图 4-2 的对比发现，在收发距较小的近区，使用数字滤波方法求解汉克尔变换和余弦变换计算场值响应时存在一定的计算误差，尤其是在时间较大时。但对于远区点，在瞬变电磁测深观测的时间范围内，数字滤波的计算偏差可以忽略，以(0,1000)点为例，在 10ms 时，相对误差只有 $6.78297\times10^{-7}$，可以满足野外实际观测的需要。

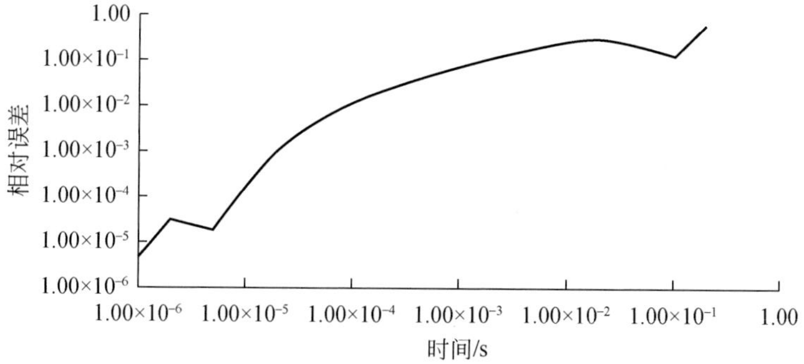


图 4-1　近区场值响应相对误差双对数曲线图

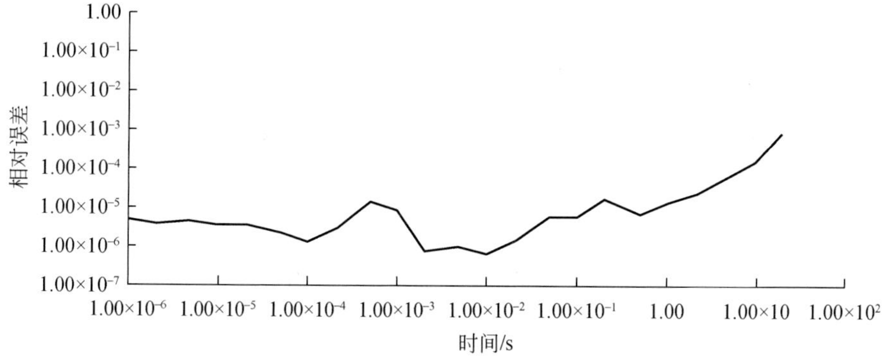


图 4-2　近区场值响应相对误差双对数曲线图

## 4.4　小　　结

本章重点分析传统电磁勘探中的偶极子微元形式，从导电全空间和均匀半空间角度分析偶极子微元的求解过程，以便对传统的求解过程存在的问题进行分析。将电偶极源的场分解为接地项和导线电流项，接地项产生 TE 和 TM 场，导线电流项仅产生 TE 场。对电偶源场的分解有利于大尺度源场的分析及偶极子近似误差的讨论。

# 第5章　偶极子微元假设引起的误差分析

虽然在一般电磁理论中，确实采用了电偶极子和磁偶极子来描述介质中的电场或磁场，即用偶极子的场表示极化或磁化后对外产生的电场或磁场，导出结构方程，进一步得到介质中的电磁场方程。应该说，这样做是合理的，因为极化、磁化的偶极子是分子水平上的，对于宏观电磁场，这样得到的场方程是精确的。但对于同属宏观电磁现象中的偶极子源与场的问题，源点和场点之间需满足远场区条件，偶极子近似才能成立。本章分别计算了静电场、恒定电流场、辐射场及勘探电磁学中磁偶极子和电偶极子的近似解与各自对应的未作偶极子假设的电流环和载流导线的精确解之间的误差。

## 5.1　静电场中误差分析

对于电量为 $q$，相距 $l$ 的异性点电荷，取 $l=1$，$q=1$，并用 $2\pi\varepsilon_0$ 归一化电场，分别按照式(3-18)和式(3-20)对 $\theta=\pi/4$ 线上点，在偶极子近似前后电位进行计算，计算结果见表5-1。按照式(3-19)和式(3-21)对两异性点电荷 $z$ 轴线上测点，计算偶极子近似前后电场，并按式(5-1)计算两者之间误差，计算结果见表5-2。

$$\mathrm{err}=2\left|\frac{V_{\mathrm{after}}-V_{\mathrm{before}}}{V_{\mathrm{after}}+V_{\mathrm{before}}}\right|\times 100\% \tag{5-1}$$

**表5-1　电偶极子近似前后在不同偏移距时的电位对比( $\theta=\pi/4$ )**

| $r$ | $\Phi_{\mathrm{dipole}}$ | $\Phi_{\mathrm{line}}$ | err /% |
|---|---|---|---|
| 0.1 | 50 | 26.4432267 | 61.63207 |
| 0.2 | 12.5 | 9.693437733 | 25.29182 |
| 0.3 | 5.555555556 | 5.064044858 | 9.25667 |
| 0.4 | 3.125 | 3.062040293 | 2.035212 |
| 0.6 | 1.388888889 | 1.415257338 | 1.880676 |
| 0.7 | 1.020408163 | 1.041656431 | 2.060873 |
| 0.8 | 0.78125 | 0.796631229 | 1.949605 |
| 0.9 | 0.617283951 | 0.628191296 | 1.751515 |
| 1 | 0.5 | 0.507779377 | 1.543865 |
| 1.5 | 0.222222222 | 0.224051617 | 0.819853 |

续表

| $r$ | $\Phi_{\text{dipole}}$ | $\Phi_{\text{line}}$ | err /% |
|---|---|---|---|
| 2 | 0. 125 | 0. 125610786 | 0. 487438 |
| 2. 5 | 0. 08 | 0. 080256165 | 0. 319694 |
| 3 | 0. 055555556 | 0. 055680649 | 0. 224916 |
| 4 | 0. 03125 | 0. 031290068 | 0. 128135 |
| 5 | 0. 02 | 0. 020016504 | 0. 082485 |
| 6 | 0. 013888889 | 0. 013896872 | 0. 057461 |
| 7 | 0. 010204082 | 0. 010208398 | 0. 042296 |
| 8 | 0. 0078125 | 0. 007815033 | 0. 032423 |
| 9 | 0. 00617284 | 0. 006174422 | 0. 025639 |
| 10 | 0. 005 | 0. 005001039 | 0. 02078 |
| 15 | 0. 002222222 | 0. 002222428 | 0. 009249 |
| 20 | 0. 00125 | 0. 001250065 | 0. 005205 |
| 30 | 0. 000555556 | 0. 000555568 | 0. 002314 |
| 40 | 0. 0003125 | 0. 000312504 | 0. 001302 |
| 50 | 0. 0002 | 0. 000200002 | 0. 000833 |
| 60 | 0. 000138889 | 0. 00013889 | 0. 000579 |
| 70 | 0. 000102041 | 0. 000102041 | 0. 000425 |
| 80 | 0. 000078125 | $7.81253\times10^{-5}$ | 0. 000326 |
| 90 | $6.17284\times10^{-5}$ | $6.17286\times10^{-5}$ | 0. 000257 |
| 100 | 0. 00005 | $5.00001\times10^{-5}$ | 0. 000208 |

**表 5-2　电偶极子近似前后在 $z$ 轴上的电场对比( $\theta = 0$ )**

| $r$ | $E_{z\text{-dipole}}$ | $E_{z\text{-line}}$ | err/% |
|---|---|---|---|
| 0. 1 | 1000 | 1. 736111111 | 199. 3068 |
| 0. 2 | 125 | 4. 535147392 | 185. 9956 |
| 0. 3 | 37. 03703704 | 11. 71875 | 103. 8576 |
| 0. 4 | 15. 625 | 49. 38271605 | 103. 8576 |
| 0. 6 | 4. 62962963 | 49. 58677686 | 165. 8433 |
| 0. 7 | 2. 915451895 | 12. 15277778 | 122. 6067 |
| 0. 8 | 1. 953125 | 5. 259697567 | 91. 68595 |
| 0. 9 | 1. 371742112 | 2. 869897959 | 70. 6404 |
| 1 | 1 | 1. 777777778 | 56 |

续表

| $r$ | $E_{z\text{-dipole}}$ | $E_{z\text{-line}}$ | err/% |
|---|---|---|---|
| 1.5 | 0.296296296 | 0.375 | 23.44828 |
| 2 | 0.125 | 0.142222222 | 12.88981 |
| 2.5 | 0.064 | 0.069444444 | 8.159867 |
| 3 | 0.037037037 | 0.039183673 | 5.632685 |
| 4 | 0.015625 | 0.016124969 | 3.149411 |
| 5 | 0.008 | 0.008162432 | 2.009999 |
| 6 | 0.00462963 | 0.004694606 | 1.393711 |
| 7 | 0.002915452 | 0.002945431 | 1.023011 |
| 8 | 0.001953125 | 0.001968474 | 0.782776 |
| 9 | 0.001371742 | 0.001380249 | 0.618237 |
| 10 | 0.001 | 0.001005019 | 0.500625 |
| 15 | 0.000296296 | 0.000296956 | 0.222346 |
| 20 | 0.000125 | 0.000125156 | 0.125039 |
| 30 | $3.7037\times10^{-5}$ | $3.70576\times10^{-5}$ | 0.055563 |
| 40 | 0.000015625 | $1.56299\times10^{-5}$ | 0.031252 |
| 50 | 0.000008 | $8.0016\times10^{-6}$ | 0.020001 |
| 60 | $4.62963\times10^{-6}$ | $4.63027\times10^{-6}$ | 0.013889 |
| 70 | $2.91545\times10^{-6}$ | $2.91575\times10^{-6}$ | 0.010204 |
| 80 | $1.95313\times10^{-6}$ | $1.95328\times10^{-6}$ | 0.007813 |
| 90 | $1.37174\times10^{-6}$ | $1.37183\times10^{-6}$ | 0.006173 |
| 100 | 0.000001 | $1.00005\times10^{-6}$ | 0.005 |

由表5-1、表5-2可见，对于电偶极子，当场点到源点的距离小于源的尺度或者与源的尺度相当时，偶极子近似值与精确值之间误差较大。在源点远处的场点，偶极子近似值与精确值之间误差较小。对于电位函数，当收发距与源尺寸比值大于1时，相对误差小于1%，而且，随着收发距的增大，误差变得更小；对于电场，当收发距与源尺寸比值小于3时，相对误差大于10%左右，偶极子近似带来较大的计算误差。因此，使用偶极子近似计算近源区的电位值不可信，当场点到源点的距离小于源的尺度或者与源的尺度相当时，也就是在近源区场和一部分中源区场内，偶极子近似带来较大的误差。

分别计算电偶极子尺寸不同时和场点位置不同时,由偶极子近似引起的误差。当固定收发距离(r=1.5m),改变偶极子的尺寸(L=0.5m,1m,1.5m,2m,3m,4m,5m,6m,7m,8m,9m,10m)时,根据式(3-18)和式(3-20),分别计算不同偶极长度时电偶极子近似前后电位值,计算结果如图5-1所示。

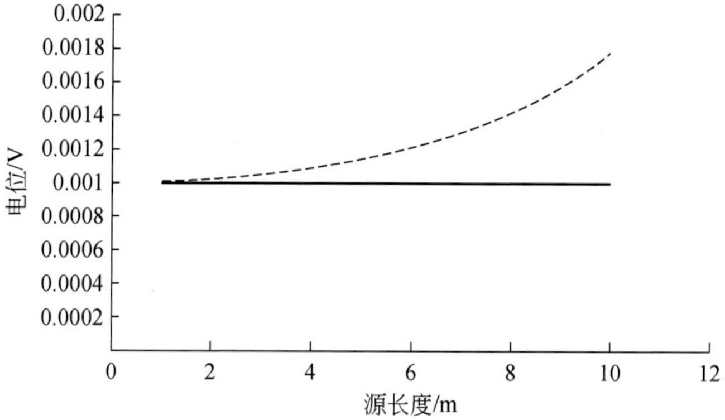

图5-1　不同偶极长度的电偶极子近似前后计算结果

　　在图5-1中,实线代表偶极子近似后计算的电位值,虚线代表偶极子近似前计算的电位值,可以看出:当偶极子尺寸较小时,两个曲线在首枝重合;当偶极子尺寸较大时,两个曲线在尾枝出现较大分叉。说明偶极距越小,偶极子近似值越接近精确值;偶极距越大,偶极子近似值越偏离精确值。

　　电场强度的分布特征如图5-2所示,电偶极子源电场强度的分布特征与单个点电荷在形态和大小上发生了改变,尤其是在 $y=0$ 坐标轴上,偶极子源表现出明显的方向性(由正电荷指向负电荷),而点电荷指向任意方向。两种源之间的其他场分量也具有类似的差别,两种源激发的场的差别必须考虑。

(a)点电荷微元场强度分布图　　　　　　(b)电偶极子源电场强度分布图

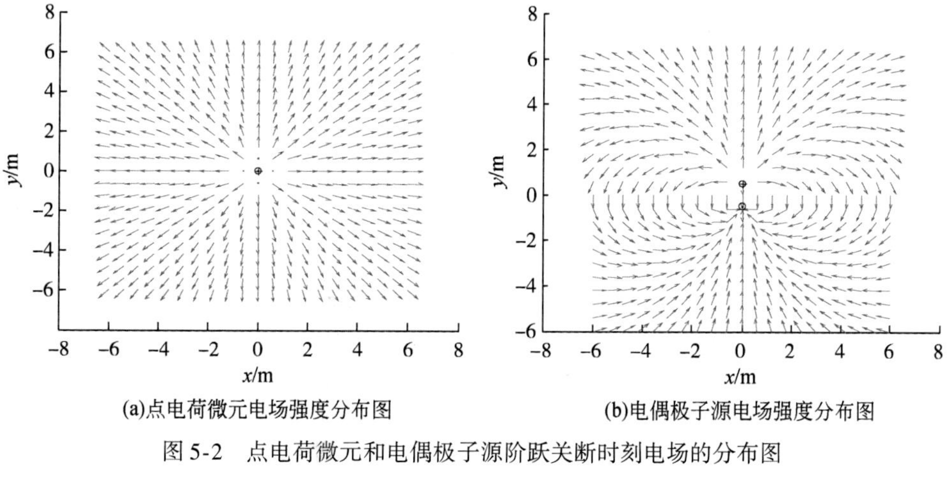

图5-2　点电荷微元和电偶极子源阶跃关断时刻电场的分布图

# 5.2　恒定电流场中误差分析

若电流的分布不随时间变化,称为恒定电流,恒定电流周围的磁场不随时间变化,即恒定磁场。以往谐变或瞬变电磁场可以通过恒定电流场比拟得到,因此,分析载流导线和圆电流线圈偶极子近似前后场的差别,有利于分析比拟后的瞬变电磁场或谐变电磁场。

## 5.2.1　电偶极子引起的误差

分别使用式(3-22)和式(3-23)计算电偶极子和具有相同磁矩的载流导线产生的磁场,分析偶极子近似前后磁场的特征变化,使用式(5-1)计算偶极子近似引起的相对误差,这里取 $l=1$,$q=1$,计算结果如表 5-3 所示。

**表 5-3　偶极子近似引起的磁场误差( $\theta=\pi/4$ )**

| $r$ | $H_{dipole}$ | $H_{line}$ | err/% |
|---|---|---|---|
| 0. 1 | 5. 626977 | 0. 359388172 | 175. 9862 |
| 0. 2 | 1. 406744 | 0. 386854582 | 113. 7255 |
| 0. 3 | 0. 62522 | 0. 387553942 | 46. 93363 |
| 0. 4 | 0. 351686 | 0. 353051758 | 0. 387574 |
| 0. 5 | 0. 225079 | 0. 294079994 | 26. 5818 |
| 0. 6 | 0. 156305 | 0. 23179089 | 38. 90069 |
| 0. 7 | 0. 114836 | 0. 179214267 | 43. 78703 |
| 0. 8 | 0. 087922 | 0. 138991485 | 45. 01282 |
| 0. 9 | 0. 069469 | 0. 109228486 | 44. 49941 |
| 1 | 0. 05627 | 0. 087265987 | 43. 18954 |
| 1. 5 | 0. 025009 | 0. 03554575 | 34. 80156 |
| 2 | 0. 014067 | 0. 018704954 | 28. 30133 |
| 2. 5 | 0. 009003 | 0. 011424473 | 23. 70622 |
| 3 | 0. 006252 | 0. 007669067 | 20. 35548 |
| 4 | 0. 003517 | 0. 00412186 | 15. 84032 |
| 5 | 0. 002251 | 0. 002562542 | 12. 95365 |
| 6 | 0. 001563 | 0. 001744178 | 10. 95353 |
| 7 | 0. 001148 | 0. 001262735 | 9. 487131 |
| 8 | 0. 000879 | 0. 000955985 | 8. 366403 |
| 9 | 0. 000695 | 0. 000748686 | 7. 48218 |

续表

| $r$ | $H_{dipole}$ | $H_{line}$ | err/% |
|---|---|---|---|
| 10 | 0.000563 | 0.000602108 | 6.766826 |
| 15 | 0.00025 | 0.000261804 | 4.57766 |
| 20 | 0.000141 | 0.000145625 | 3.458477 |
| 30 | $6.25\times10^{-5}$ | $6.39912\times10^{-5}$ | 2.322621 |
| 40 | $3.52\times10^{-5}$ | $3.57889\times10^{-5}$ | 1.748372 |
| 50 | $2.25\times10^{-5}$ | $2.28256\times10^{-5}$ | 1.401783 |
| 60 | $1.56\times10^{-5}$ | $1.58144\times10^{-5}$ | 1.169871 |
| 70 | $1.15\times10^{-5}$ | $1.15995\times10^{-5}$ | 1.003801 |
| 80 | $8.79\times10^{-6}$ | $8.86978\times10^{-6}$ | 0.879018 |
| 90 | $6.95\times10^{-6}$ | $7.00141\times10^{-6}$ | 0.781828 |
| 100 | $5.63\times10^{-6}$ | $5.66673\times10^{-6}$ | 0.703991 |

对于恒定电流场中的电偶极子近似，当场点到源点的距离小于 6 倍源尺度时，偶极子近似值与精确值之间误差较大，超过 10%。只有在远源区的场点，偶极子近似值与精确值之间误差较小，当收发距与源尺寸比值大于 15 时，相对误差小于 5% 左右，偶极子近似带来的相对误差较小。因此，使用偶极子近似计算近源区点的磁场值不可信，当场点到源点的距离小于 6 倍源尺度时，也就是在近源区场和一部分中源区场内，偶极子近似有较大的误差。

### 5.2.2　磁偶极子引起的误差

分别使用式(3-24)和式(3-25)计算磁偶极子和具有相同磁矩的载流圆线圈产生的垂直磁场，分析偶极子近似前后磁场的变化，使用式(5-1)计算偶极子近似引起的相对误差，这里取 $I = 1$，$l = 1$，$\theta = \pi/4$，计算结果如表 5-4 所示。

**表 5-4　偶极子近似引起的垂直磁场误差( $\theta = \pi/4$ )**

| $R$ | $H_{z\text{-circular}}$ | $H_{z\text{-dipole}}$ | err/% |
|---|---|---|---|
| 0.1 | 0.49808708 | 125 | 198.41 |
| 0.2 | 0.491901938 | 15.625 | 187.79 |
| 0.3 | 0.480181377 | 4.62963 | 162.41 |
| 0.4 | 0.461133725 | 1.953125 | 123.60 |
| 0.5 | 0.433065503 | 1 | 79.12 |
| 0.6 | 0.395347487 | 0.578704 | 37.65 |
| 0.7 | 0.349335984 | 0.364431 | 4.23 |

续表

| $R$ | $H_{z\text{-circular}}$ | $H_{z\text{-dipole}}$ | err/% |
|---|---|---|---|
| 0.8 | 0.298522796 | 0.244141 | 20.04 |
| 0.9 | 0.247518638 | 0.171468 | 36.30 |
| 1 | 0.200449845 | 0.125 | 46.37 |
| 1.5 | 0.063323319 | 0.037037 | 52.38 |
| 2 | 0.023525378 | 0.015625 | 40.36 |
| 2.5 | 0.010814436 | 0.008 | 29.92 |
| 3 | 0.005804275 | 0.00463 | 22.52 |
| 4 | 0.002240972 | 0.001953 | 13.73 |
| 5 | 0.001095555 | 0.001 | 9.12 |
| 6 | 0.000617358 | 0.000579 | 6.46 |
| 7 | 0.000382383 | 0.000364 | 4.81 |
| 8 | 0.00025337 | 0.000244 | 3.71 |
| 9 | 0.000176598 | 0.000171 | 2.95 |
| 10 | 0.000128033 | 0.000125 | 2.40 |
| 15 | $3.74374\times10^{-5}$ | $3.7\times10^{-5}$ | 1.08 |
| 20 | $1.57201\times10^{-5}$ | $1.56\times10^{-5}$ | 0.61 |
| 30 | $4.64216\times10^{-6}$ | $4.63\times10^{-6}$ | 0.27 |
| 40 | $1.9561\times10^{-6}$ | $1.95\times10^{-6}$ | 0.15 |
| 50 | $1.00097\times10^{-6}$ | 0.000001 | 0.10 |
| 60 | $5.79095\times10^{-7}$ | $5.79\times10^{-7}$ | 0.07 |
| 70 | $3.64613\times10^{-7}$ | $3.64\times10^{-7}$ | 0.05 |
| 80 | $2.44234\times10^{-7}$ | $2.44\times10^{-7}$ | 0.04 |
| 90 | $1.71519\times10^{-7}$ | $1.71\times10^{-7}$ | 0.03 |
| 100 | $1.2503\times10^{-7}$ | $1.25\times10^{-7}$ | 0.02 |

为了对偶极子近似引起的问题有更加清晰的认识，计算不同角度的偶极子近似的误差，下面分别给出 $\theta=0$，$\theta=\pi/2$ 时偶极子近似的相对误差，分析垂向和轴向上相对误差的变化，如表 5-5 和表 5-6 所示。

表 5-5　偶极子近似引起的垂直磁场误差( $\theta = 0$ )

| $R$ | $H_{z\text{-circular}}$ | $H_{z\text{-dipole}}$ | err/% |
|---|---|---|---|
| 0. 1 | 0. 492592668 | 500 | 199. 6063 |
| 0. 2 | 0. 471433017 | 62. 5 | 197. 0054 |
| 0. 3 | 0. 439369856 | 18. 51851852 | 190. 7296 |
| 0. 4 | 0. 40020547 | 7. 8125 | 180. 508 |
| 0. 5 | 0. 357770876 | 4 | 167. 1602 |
| 0. 6 | 0. 315254752 | 2. 314814815 | 152. 0538 |
| 0. 7 | 0. 27491004 | 1. 457725948 | 136. 5337 |
| 0. 8 | 0. 238069759 | 0. 9765625 | 121. 5994 |
| 0. 9 | 0. 205329875 | 0. 685871056 | 107. 8413 |
| 1 | 0. 176776695 | 0. 5 | 95. 51845 |
| 1. 5 | 0. 085338492 | 0. 148148148 | 53. 8015 |
| 2 | 0. 04472136 | 0. 0625 | 33. 1625 |
| 2. 5 | 0. 02561315 | 0. 032 | 22. 1715 |
| 3 | 0. 015811388 | 0. 018518519 | 15. 77126 |
| 4 | 0. 007133401 | 0. 0078125 | 9. 087432 |
| 5 | 0. 003771464 | 0. 004 | 5. 881411 |
| 6 | 0. 002221608 | 0. 002314815 | 4. 109268 |
| 7 | 0. 001414214 | 0. 001457726 | 3. 030174 |
| 8 | 0. 000954113 | 0. 000976563 | 2. 325523 |
| 9 | 0. 000673363 | 0. 000685871 | 1. 840462 |
| 10 | 0. 000492593 | 0. 0005 | 1. 492522 |
| 15 | 0. 000147166 | 0. 000148148 | 0. 665187 |
| 20 | $6.22664\times10^{-5}$ | 0. 0000625 | 0. 374532 |
| 30 | $1.84877\times10^{-5}$ | $1.85185\times10^{-5}$ | 0. 166574 |
| 40 | $7.80518\times10^{-6}$ | $7.8125\times10^{-6}$ | 0. 093721 |
| 50 | $3.9976\times10^{-6}$ | 0. 000004 | 0. 059988 |
| 60 | $2.31385\times10^{-6}$ | $2.31481\times10^{-6}$ | 0. 041661 |
| 70 | $1.45728\times10^{-6}$ | $1.45773\times10^{-6}$ | 0. 030609 |
| 80 | $9.76334\times10^{-7}$ | $9.76563\times10^{-7}$ | 0. 023436 |

续表

| $R$ | $H_{z\text{-circular}}$ | $H_{z\text{-dipole}}$ | err/% |
|---|---|---|---|
| 90 | $6.85744\times10^{-7}$ | $6.85871\times10^{-7}$ | 0.018517 |
| 100 | $4.99925\times10^{-7}$ | 0.0000005 | 0.014999 |

**表 5-6　偶极子近似引起的垂直磁场误差( $\theta = \pi/2$ )**

| $R$ | $H_{z\text{-circular}}$ | $H_{z\text{-dipole}}$ | err/% |
|---|---|---|---|
| 1.5 | −0.142373559 | −0.074074074 | 63.10948 |
| 2 | $-4.31\times10^{-2}$ | −0.03125 | 31.89808 |
| 2.5 | $-1.95\times10^{-2}$ | −0.016 | 19.48207 |
| 3 | $-1.06\times10^{-2}$ | −0.009259259 | 13.19903 |
| 4 | $-4.20\times10^{-3}$ | −0.00390625 | 7.247673 |
| 5 | $-2.09\times10^{-3}$ | −0.002 | 4.58777 |
| 6 | $-1.19\times10^{-3}$ | −0.001157407 | 3.167101 |
| 7 | $-7.46\times10^{-4}$ | −0.000728863 | 2.31857 |
| 8 | $-4.97\times10^{-4}$ | −0.000488281 | 1.771063 |
| 9 | $-3.48\times10^{-4}$ | −0.000342936 | 1.397149 |
| 10 | $-2.53\times10^{-4}$ | −0.00025 | 1.130414 |
| 15 | $-7.44\times10^{-5}$ | $-7.40741\times10^{-5}$ | 0.501067 |
| 20 | $-3.13\times10^{-5}$ | −0.00003125 | 0.281587 |
| 30 | $-9.27\times10^{-6}$ | $-9.25926\times10^{-6}$ | 0.125067 |
| 40 | $-3.91\times10^{-6}$ | $-3.90625\times10^{-6}$ | 0.070334 |
| 50 | $-2.00\times10^{-6}$ | −0.000002 | 0.045009 |
| 60 | $-1.16\times10^{-6}$ | $-1.15741\times10^{-6}$ | 0.031254 |
| 70 | $-7.29\times10^{-7}$ | $-7.28863\times10^{-7}$ | 0.022961 |
| 80 | $-4.88\times10^{-7}$ | $-4.88281\times10^{-7}$ | 0.017579 |
| 90 | $-3.43\times10^{-7}$ | $-3.42936\times10^{-7}$ | 0.01389 |
| 100 | $-2.50\text{E}\times10^{-7}$ | −0.00000025 | 0.011251 |

将表 5-4～表 5-6 的相对误差绘制在一张图中,得到不同方向上偶极子近似的相对误差随收发距的变化,如图 5-3 所示。

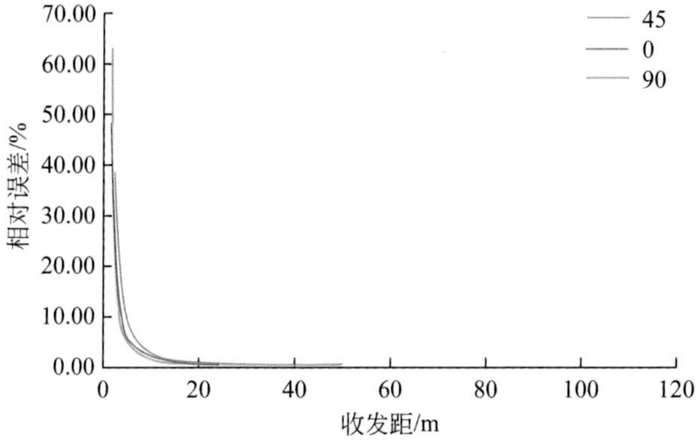


图 5-3　不同方向偶极子近似的误差分析

由图 5-3 可见，不同方向的偶极子近似引起的误差变化规律相似，当收发距与源尺寸的比值较小时，相对误差变化剧烈，急剧减小，当超过某一固定的拐点后，偶极子近似的相对误差变化较小，偶极子近似引起的相对误差可以忽略。

## 5.3　天线电磁场中误差分析

在频率域，天线理论中的辐射场可以分为近区场和远区场，近区场和远区场的划分是依据 $|kr|$ 与 1 的关系。在相同的发射频率条件下，远区场和近区场都需要满足偶极子条件，相对而言，近区场的收发距更小，这里，选取近区场的公式分析偶极子近似带来的计算误差。

将电偶极子天线和磁偶极子天线近区场的公式进行逆拉普拉斯变换得到时域表达式。

对于磁矩沿 $z$ 方向的电偶极源，得到

$$\begin{cases} \boldsymbol{A}^E = \dfrac{\mu}{4\pi}\dfrac{\boldsymbol{IL}}{r^2} \\ \boldsymbol{H}_\varphi^E = \dfrac{\boldsymbol{IL}}{4\pi r^2}\sin\theta \\ \boldsymbol{E}_r^E = \dfrac{1}{\varepsilon}\displaystyle\int \dfrac{\boldsymbol{IL}}{2\pi r^3}\cos\theta \mathrm{d}t \\ \boldsymbol{E}_\theta^E = \dfrac{1}{\varepsilon}\displaystyle\int \dfrac{\boldsymbol{IL}}{4\pi r^3}\cos\theta \mathrm{d}t \end{cases} \tag{5-2}$$

其中，$\boldsymbol{A}^E$ 表示电偶极子源矢量位函数，$\boldsymbol{I}$ 表示电流强度，$L$ 表示偶极子长度，$\boldsymbol{H}_\varphi^E$ 表示电偶极子源磁场强度的切向分量，$\boldsymbol{E}_r^E$ 表示电偶极子源电场强度的径向分量，$\boldsymbol{E}_\theta^E$ 表示电偶极子源电场强度的法向分量。

对于磁矩沿 $z$ 方向的磁偶极子源：

$$\begin{cases} \boldsymbol{A}^{M} = \dfrac{\mu}{4\pi}\dfrac{\boldsymbol{I}S}{r^{2}} \\ \boldsymbol{E}_{\varphi}^{M} = -\dfrac{\mu \boldsymbol{I}S}{4\pi r^{2}}\sin\theta \\ \boldsymbol{H}_{r}^{M} = \dfrac{1}{\varepsilon}\int \dfrac{\boldsymbol{I}S}{2\pi r^{3}}\mathrm{d}t \\ \boldsymbol{H}_{\theta}^{M} = \dfrac{1}{\varepsilon}\int \dfrac{\boldsymbol{I}S\sin\theta}{4\pi r^{3}}\mathrm{d}t \end{cases} \tag{5-3}$$

其中，$\boldsymbol{A}^{M}$ 表示磁偶极子源矢量位函数，$\boldsymbol{I}S$ 表示磁矩，$\boldsymbol{E}_{\varphi}^{M}$ 表示磁偶极子源电场强度的切向分量，$\boldsymbol{H}_{r}^{M}$ 表示磁偶极子源磁场强度的径向分量，$\boldsymbol{H}_{\theta}^{M}$ 表示磁偶极子源磁场强度的法向分量。

借鉴经典电磁学中的做法，采用偶极子叠加的方式计算偏移距较小时的线源和圆线圈的场响应(Nabighian，1991)。

线源：

$$\begin{cases} A(r,t) = \dfrac{\mu}{4\pi}\int_{l}\dfrac{I}{r}\mathrm{d}l \\ H_{\varphi} = \int_{l}\dfrac{I\sin\theta}{4\pi r^{2}}\mathrm{d}l \\ E_{r} = \dfrac{1}{\varepsilon}\iint_{l}\dfrac{I}{2\pi r^{3}}\cos\theta\,\mathrm{d}l\mathrm{d}t \\ E_{\theta} = \dfrac{1}{\varepsilon}\iint_{l}\dfrac{I}{4\pi r^{3}}\sin\theta\,\mathrm{d}l\mathrm{d}t \end{cases} \tag{5-4}$$

圆线圈：

$$\begin{cases} A(r,t) = \dfrac{\mu}{4\pi}\int_{S}\dfrac{I}{r}\mathrm{d}S \\ E_{\varphi} = -\mu\int_{S}\dfrac{I}{4\pi r^{2}}\sin\theta\,\mathrm{d}S \\ H_{r} = \dfrac{1}{\varepsilon}\iint_{S}\dfrac{I}{4\pi r^{3}}\sin\theta\,\mathrm{d}S\mathrm{d}t \\ H_{\theta} = \dfrac{1}{\varepsilon}\iint_{V}\dfrac{I}{4\pi r^{3}}\sin\theta\,\mathrm{d}S\mathrm{d}t \end{cases} \tag{5-5}$$

为了便于比较和分析两者之间的差值，把线源或圆线圈与偶极子的磁矩设为1，并对由真实源和偶极子引起的响应值进行比较。

### 5.3.1　远源场

当收发距相对源尺寸大很多时，由式(5-3)和式(5-5)分别计算磁偶极子和圆线圈在远源场的辅助位、场值。利用式(5-1)计算磁偶极子和圆线圈在远源区的相对误差,计算结果见表 5-7 。

**表 5-7　远源区,磁偶极子和圆线圈之间辅助位、场值对比结果**(相对误差)($\theta=30°$)

| $k$ | $err_{m-potential}/\%$ | $err_{m-H_\theta}/\%$ | $err_{m-H_r}/\%$ |
|---|---|---|---|
| 100 | 0.0103 | 0.0309 | 0.00562 |
| 90 | 0.0127 | 0.0382 | 0.00694 |
| 80 | 0.0161 | 0.0483 | 0.00879 |
| 70 | 0.021 | 0.0631 | 0.0114 |
| 60 | 0.0286 | 0.0859 | 0.0156 |
| 50 | 0.0412 | 0.12 | 0.0225 |
| 40 | 0.0644 | 0.19 | 0.0351 |
| 30 | 0.11 | 0.34 | 0.0625 |
| 20 | 0.26 | 0.78 | 0.14 |
| 10 | 1.04 | 3.16 | 0.57 |

在表 5-7 中,$k$ 表示源点到场点的距离 $r$ 与源尺寸的比值;对于磁偶极子,源尺寸通过半径 $a$ 给出,$k=r/a$;对于电偶极子,源尺寸通过源长度 $L$ 给出,$k=r/L$。$err_{m-potential}$、$err_{m-H_\theta}$、$err_{m-H_r}$分别表示磁偶极子与圆线圈两种源之间位、$H_\theta$、$H_r$ 的相对误差。

相应地,由式(5-2)和式(5-4)分别计算电偶极子和线源在远源场的辅助位、场值。使用式(5-1)计算电偶极子和线源在远源区的相对误差,计算结果见表 5-8。

**表 5-8　远源区,电偶极子和线源之间辅助位、场值对比结果**(相对误差)($\theta=90°$)

| $k$ | $err_{e-potential}/\%$ | $err_{e-E_r}/\%$ | $err_{e-E_\theta}/\%$ |
|---|---|---|---|
| 10 | 0.042 | 0.082 | 0.167 |
| 9 | 0.054 | 0.093 | 0.211 |
| 8 | 0.064 | 0.13 | 0.263 |
| 7 | 0.0841 | 0.171 | 0.34 |
| 6 | 0.12 | 0.232 | 0.463 |
| 5 | 0.165 | 0.333 | 0.666 |

在表 5-8 中, $err_{e-potential}$、$err_{e-E_r}$、$err_{e-E_\theta}$分别表示电偶极子与线源之间位、$E_r$、$E_\theta$ 的相对误差。

对于处于远源区场,偶极子近似引起的误差较小,电偶极子与线源相比,在收发距与源尺寸比值大于 5 时,相对误差小于1%,而且随着收发距的增大,误差变化较小;磁偶极子与圆线圈相比,在收发距与源尺寸比值大于 10 时,相对误差在 1%左右;因此,对于远源场,两种源具有等效性。

### 5.3.2　近源场

当收发距与源尺寸相当或更小时,由式(5-3)和式(5-5)分别计算磁偶极子和圆线圈在远源场的辅助位、场值。利用式(5-1)计算磁偶极子和圆线圈在近源区的相对误差,计算结果见表 5-9 。

**表 5-9　近源区,磁偶极子和圆线圈之间辅助位、场值对比结果**(相对误差)($\theta=30°$)

| $r$ | $err_{m-potential}/\%$ | $err_{m-H_\theta}/\%$ | $err_{m-H_r}/\%$ |
|---|---|---|---|
| 3 | 12. 1 | 45 | 7. 2 |
| 2 | 28. 9 | 155 | 18. 6 |
| 1 | 148 | 595 | 115 |
| 0. 5 | 931 | 785 | 849 |

相应地,由式(5-2)和式(5-4)分别计算电偶极子和线源在远源场的辅助位、场值。使用式(5-1)计算电偶极子和线源在近源区的相对误差,计算结果见表 5-10。

**表 5-10　近源区,电偶极子和线源之间辅助位、场值对比结果**(相对误差)($\theta=90°$)

| $k$ | $err_{e-potential}/\%$ | $err_{e-E_r}/\%$ | $err_{e-E_\theta}/\%$ |
|---|---|---|---|
| 2 | 1. 02 | 2. 04 | 4. 13 |
| 1 | 3. 9 | 7. 85 | 16. 1 |
| 0. 8 | 5. 91 | 11. 9 | 24. 6 |
| 0. 5 | 13. 5 | 27. 3 | 59 |
| 0. 2 | 51. 8 | 110 | 275 |

对于收发距较小的近源区场,偶极子和真实源的场值差别较大,电偶极子与线源相比,在收发距与源尺寸比值小于 2 时,相对误差接近或大于 5% ,而且,随着收发距的减小,误差急剧增大,此时,两种源的差别已经不可以忽略;磁偶极子与圆线圈相比,在收发距与源尺寸比值小于 3 时,相对误差已经很大,位函数和磁场角分量的相对误差超过 10% ,并且随着收发距的减小,相对误差迅速增大;因此,对于近源场,两种源具有较大的场值差别,需要考虑源尺寸带来的计算误差,偶极子近似不再成立。

### 5.3.3　全区场对比

以位函数项为例,给出偶极子源和圆线圈位函数计算对比曲线,如图 5-4

所示。

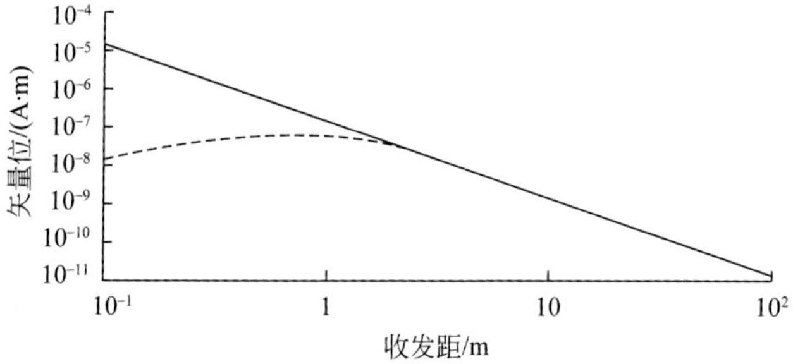


图 5-4　偶极子源和圆线圈计算的位函数随偏移距变化对比曲线

实线为圆线圈；虚线为偶极子

由图 5-4 可见，两种源的位函数曲线形态随偏移距变化呈现出明显的不同，圆线圈计算的位函数在双对数图中呈现出线性递减的形态，距离源越近，位函数值越大。而对于偶极子，位函数随偏移距的增大先增后减，并在收发距与源长度相近时出现最大值。两种不同源在位函数变化形态上存在明显的差异。在近源区，二者的差别较大，随着距离趋于远源区，差别逐渐变小，在偏移距/源长度大于 10 时，两者的误差可以忽略。其他的电场、磁场分量也具有相似的特征。在平面电磁波传播中，电磁波相位以传播常数随距离变化，同时，幅值也以衰减常数随距离呈指数衰减。因此，从电磁波传播的物理机制来看，偶极子微元公式计算的场的空间分布特征并不完全符合实际情况。

## 5.4　谐变场中的校正系数

将记录点设在物探远区场，以保证近似条件的满足。假设发射天线上的电流是均匀的。

以偶极子天线赤道向的 $E_x$ 分量为例，分析偶极子近似带来的误差。借鉴偶极子叠加的思想，把发射天线源分为许多小段，当段数足够多时，对每一小段就可以使用偶极子公式进行计算。设 $r$ 为发射天线中心点到观测点的距离，$r'$ 为天线上某一小段 $(x, x+\mathrm{d}x)$ 到观测点的距离，$r'=\sqrt{r^2+x^2}$。另外，对于该小段，观测点也不再是赤道向，其角度为 $\alpha$：

$$\cos^2\alpha=\frac{x^2}{r'^2}=\frac{x^2}{x^2+r^2} \tag{5-6}$$

Nabighian(1991)给出了均匀半空间模型下的平行于电偶极源的电场 $E_x$ 的表达式

$$E_x = \frac{I\mathrm{d}x}{2\pi\sigma r'^3}\left[-2+(\mathrm{i}kr'+1)\mathrm{e}^{-\mathrm{i}kr'}+\frac{3x^2}{r'^2}\right] \tag{5-7}$$

将式(5-6)代入其中,并运用三角函数关系 $\cos2\alpha=2\cos^2\alpha-1$ 得到

$$E_x = \frac{I\mathrm{d}x}{4\pi\sigma}\frac{1}{r'^3}\left[2(\mathrm{i}kr'+1)\mathrm{e}^{-\mathrm{i}kr'}+3\cos2\alpha-1\right] \tag{5-8}$$

对于层状模型的情况,水平分层情况下的物探远区场的表达式与均匀半空间的模型相似,只是在其中的 $\sigma$ 乘上一个因子 $G_0^2$。

因此,一小段天线在观测点所产生的电场 $x$ 分量(用 $\mathrm{d}E_x$ 表示),可以通过偶极子公式来计算

$$\mathrm{d}E_x = \frac{I\mathrm{d}x}{4\pi\sigma G_0^2}\frac{1}{r'^3}\left[2(\mathrm{i}kr'+1)\mathrm{e}^{-\mathrm{i}kr'}+3\cos2\alpha-1\right] \tag{5-9}$$

在物探远区场,$|kr'|\gg1$,式(5-9)中含有 $\mathrm{e}^{-\mathrm{i}kr'}$ 的项都可以略去,因此得到远区物探场的电场分量的表达式为

$$\mathrm{d}E_x = \frac{I\mathrm{d}x}{4\pi\sigma G_0^2}\frac{1}{r'^3}(3\cos2\alpha-1)=\frac{I\mathrm{d}x}{2\pi\sigma G_0^2}\frac{1}{(r^2+x^2)^{3/2}}\left(\frac{3x^2}{r^2+x^2}-2\right) \tag{5-10}$$

再将各小段产生的场叠加起来,就可以得到总的 $E_x$。当段数无限多时,求和就成为对 $\mathrm{d}x$ 的积分。积分的结果是

$$E_x = -\frac{Il}{\pi\sigma G_0^2}\frac{1}{r^3}\frac{r(8r^2+l^2)}{(4r^2+l^2)^{3/2}} \tag{5-11}$$

位于中心点的偶极子产生的场为

$$E_x = -\frac{Il}{\pi\sigma G_0^2}\frac{1}{r^3} \tag{5-12}$$

式(5-11)和式(5-12)对比可得,具有一定长度的发射天线的源产生的场比一个位于中心点的偶极子产生的场多一个因子

$$\frac{r(8r^2+l^2)}{(4r^2+l^2)^{3/2}}$$

视电阻率是按照偶极子来定义的,那么一定长度的天线源产生的视电阻率计算时应引入因子$\frac{(4r^2+l^2)^{3/2}}{r(8r^2+l^2)}$,即将实测的 $E_x$ 先乘上$\frac{(4r^2+l^2)^{3/2}}{r(8r^2+l^2)}$,再代入 $E_x$ 分量计算视电阻率:

$$\rho_\omega = \frac{\pi r^3}{Il}|E_x|\frac{(4r^2+l^2)}{r(8r^2+l^2)} \tag{5-13}$$

$\frac{(4r^2+l^2)^{3/2}}{r(8r^2+l^2)}$就代表天线具有有限长度时对赤道向视电阻率修正因子,计算结果如表5-11 所示。当 $l$ 趋于零时,因子$\frac{(4r^2+l^2)^{3/2}}{r(8r^2+l^2)}$趋于1,因为当 $l$ 趋于零时意味着天线趋近于偶极子,当然就不需要再进行修正了。

表 5-11　发射长度为 1 时,收发距不断变化引起的视电阻率的校正因子表

| $r$ | 修正因子 | 校正误差 | $r$ | 修正因子 | 校正误差 |
|---|---|---|---|---|---|
| 1 | 1.24225998 | 0.24226 | 9 | 1.00309 | 0.00309 |
| 2 | 1.06201205 | 0.06201 | 10 | 1.0025 | 0.0025 |
| 3 | 1.02768134 | 0.02768 | 15 | 1.00111 | 0.00111 |
| 4 | 1.01559448 | 0.01559 | 20 | 1.00062 | 0.00062 |
| 5 | 1.0099875 | 0.00999 | 30 | 1.00028 | 0.00028 |
| 6 | 1.00693841 | 0.00694 | 50 | 1.0001 | $10^{-4}$ |
| 7 | 1.00509878 | 0.0051 | 100 | 1.00002 | $2.5\times10^{-5}$ |
| 8 | 1.00390434 | 0.0039 | 1000 | 1 | $2.5\times10^{-7}$ |

另外,在进行场强测量时,由于接收天线具有一定的长度,所测的场不是某一点的值而是该点附近的平均值,因此需要作一个修正。以物探远区赤道向的 $E_x$ 为例,设接收天线的长度为 $l'=0$,同样得到实测的电场$\overline{E}_x$ 与接收天线中心点的 $E_x$ 的关系为

$$E_x=\overline{E}_x\frac{(4r^2+l'^2)^{3/2}}{r(8r^2+l'^2)} \tag{5-14}$$

在发射天线和接收天线都比较长时,可以将两个修正因子乘起来,于是在赤道向有

$$\rho_\omega=\frac{\pi r^3}{Il}|\overline{E}_x|\frac{(4r^2+l^2)}{r(8r^2+l^2)}\cdot\frac{(4r^2+l'^2)^{3/2}}{r(8r^2+l'^2)} \tag{5-15}$$

式中,$\overline{E}_x$ 代表实测的值。

## 5.5　大尺度源瞬变电磁的计算误差

### 5.5.1　长接地导线源偶极子近似的相对误差

首先给出长接地导线源的瞬变场和电偶极源的瞬变场,以垂直磁场的时间导数为例,长接地导线源中垂线上垂直磁场的时间导数表达式为

$$\frac{\partial h_z}{\partial t}=\frac{2I}{\pi\mu_0\sigma y^3}\left[(1+\theta^2y^2)\mathrm{e}^{-\theta^2y^2}\mathrm{erf}(\theta L)-\frac{L}{R}\left(1+\frac{y^2}{2R^2}\right)\mathrm{erf}(\theta R)+\frac{\theta Ly^2}{\sqrt{\pi}R^2}\mathrm{e}^{-\theta^2R^2}\right] \tag{5-16}$$

其中,$\theta=\left(\frac{\mu_0\sigma}{4t}\right)^{1/2}$;$R=(y^2+L^2)^{1/2}$;$L$ 表示线源长度的一半;导线源沿 $x$ 方向从$-L$ 延伸到 $L$;$y$ 表示接收点的赤道轴向的坐标;$R$ 表示收发距;$\sigma$ 表示均匀大地的电导率。

水平电偶极源激发的垂直磁场的时间导数表达式为

$$\frac{\partial h_z}{\partial t}=\frac{I\mathrm{d}s}{2\pi\mu_0\sigma}\frac{y}{R^5}\left[3\mathrm{erf}(\theta R)-\frac{2}{\sqrt{\pi}}\theta R(3+2\theta^2R^2)\mathrm{e}^{-\theta^2R^2}\right] \tag{5-17}$$

其中，d$s$ 代表 $x$ 方向的偶极源长度，与 $2L$ 等量；其他参数与长接地导线源的一致。

分别使用长接地导线源公式(5-16)和电偶极子源的计算公式(5-17)计算垂直磁场的时间导数。特别说明的是，采用式(5-16)计算源非中垂线上点会带来较小的误差，这里可以忽略。

图 5-5 给出了在不同时间，长接地导线源直接偶极子近似引起的相对误差的平面分布。由图可见，在源的垂向轴的区间内，长接地导线源的偶极子近似的相对误差较小，蓝色区域代表相对误差小于 5%。而在轴向上，相对误差始终保持在高值，由红色区域表示。即使在垂向轴的区域内，由偶极子近似引起的误差也只是在收发距和源尺寸大于一定的比值之后才会小于 5%。在 $10^{-6}$s，收发距和源尺寸的比值大约为 1；在 $10^{-4}$s，比值为 2；在 $10^{-2}$s，比值为 6。随着时间的增大，由偶极子近似计算引起的误差增大，同时，蓝色区域变小，表明长接地导线源的直接偶极子近似满足的区域变小，直接使用偶极子近似计算长接地导线源会带来较大的计算误差。

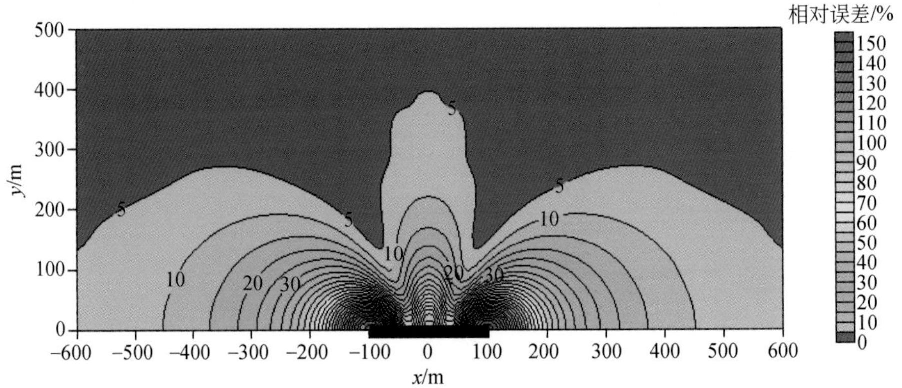


(a)$10^{-6}$s

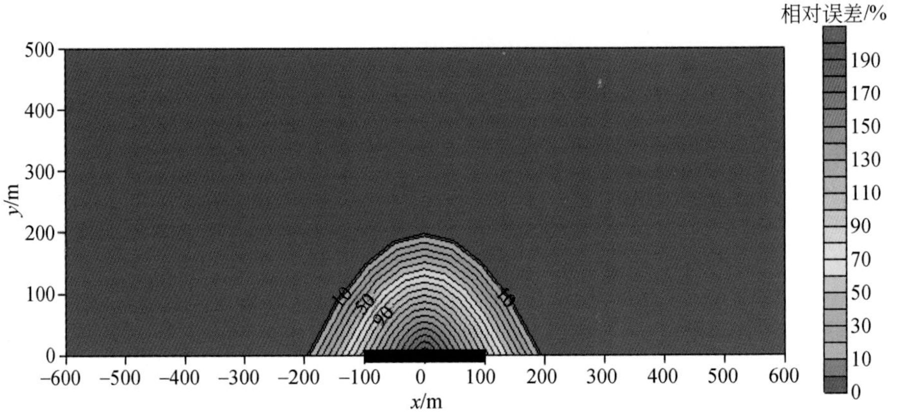


(b)$10^{-4}$s

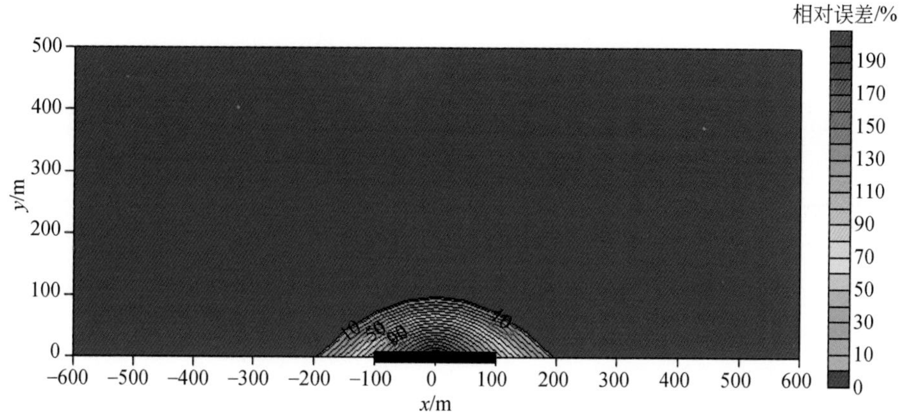


(c)$10^{-2}$s

图 5-5　长接地导线源偶极子近似引起的相对误差的平面分布

图 5-6 给出了在源垂向轴上不同收发距时的接地导线源与直接偶极子的垂直磁场的时间导数随时间的衰减曲线。收发距越大，两种曲线的分离时间越晚，差别也越小。在(0,21)点处，两曲线始终没有重合点，并且随着时间的增大，两曲线呈

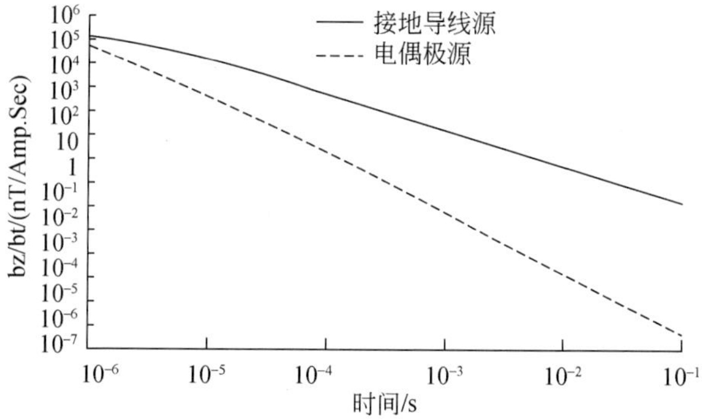


(a) (0,21)

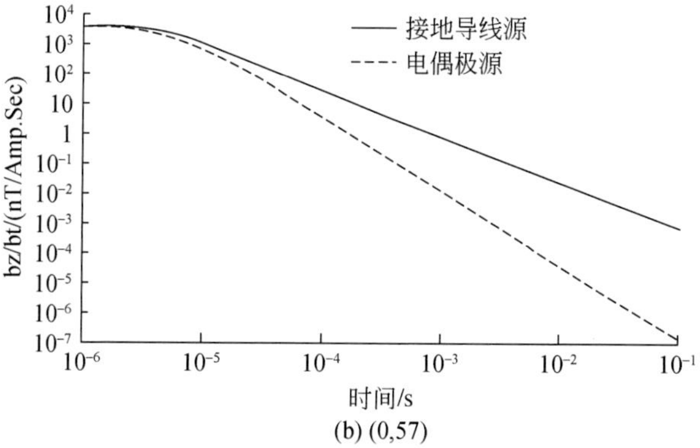


(b) (0,57)

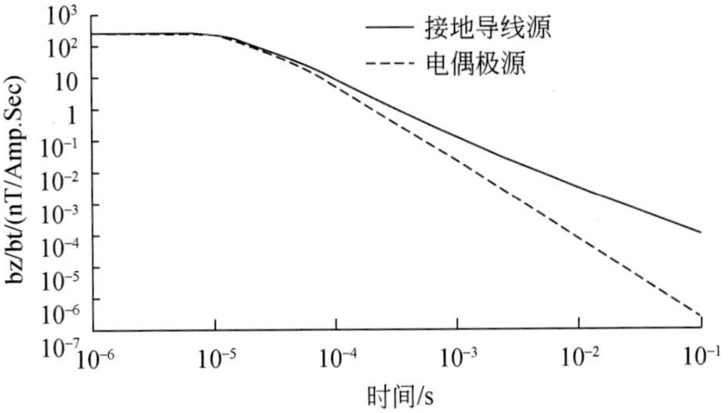


(c) (0,111)

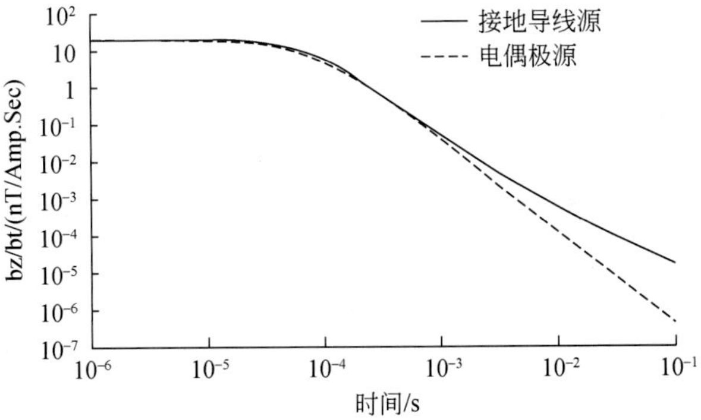


(d) (0,211)

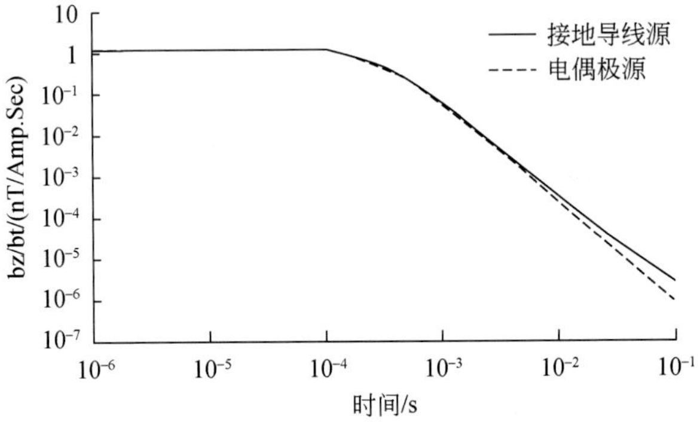


(e) (0,421)

图 5-6　接地导线源与电偶极源的垂直磁场的时间导数在不同收发距的衰减曲线对比

喇叭状变化，差别越来越大；在(0,111)处，两曲线在早期时刻重合，随着时间的增大，差别越来越大，说明直接偶极子近似只在早期成立；随着偏移距的增大，偶极子近似假设的时间区间增大，在(0,421)点处，偶极子成立在中早期都成立，只是在晚期有较小的差别。

图 5-7 给出了不同电阻率情况下的直接偶极子近似相对误差的变化曲线。(a)～(d)分别表示电阻率为 1Ω · m、10Ω · m、100Ω · m、1000Ω · m 时偶极子近似的相对误差。电阻率越大,相对误差超过 5% 的范围越小。

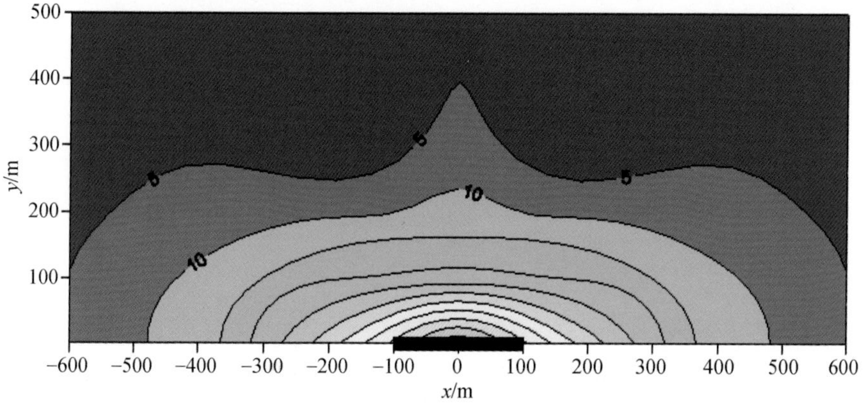

(a)1Ω·m

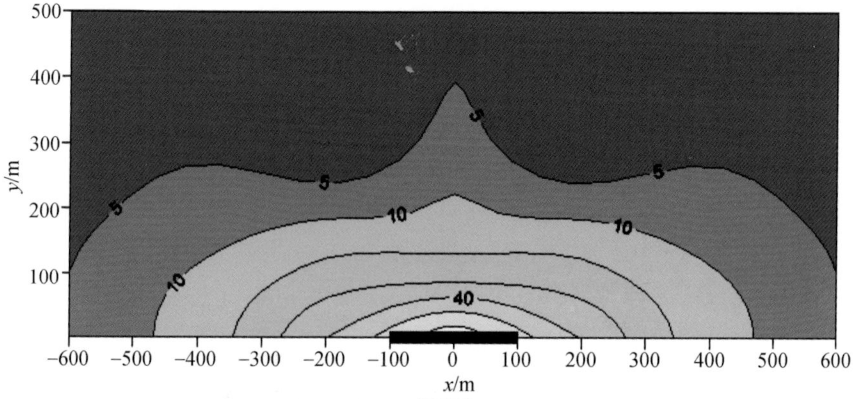

(b)10Ω·m

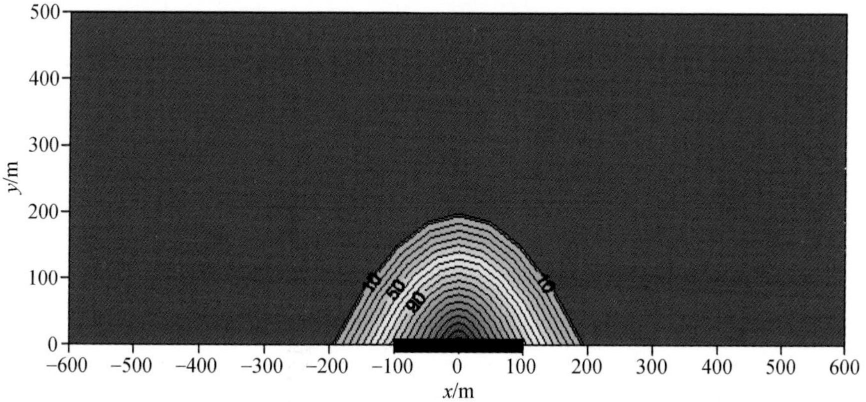

(c)100Ω·m

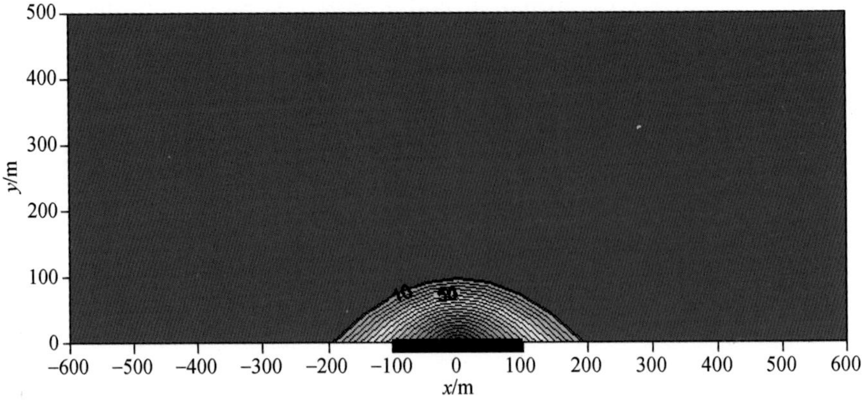

(d)1000Ω·m

图 5-7　接地导线源与电偶极源相对误差在不同电阻率情况下的曲线对比

## 5.5.2　回线源偶极子近似的相对误差

在回线源瞬变电磁探测中，大回线装置是应用最为广泛的一种。对于回线内的测点，矩形回线本身不能直接作为偶极子处理，需要将回线各边分别处理。

如图 5-8 所示，将大回线源的多边形进行电偶极子源分解，设偶极子长度为 $ds$，每条边可以分解为 $n$ 个偶极子，假定收发距与偶极子长度比为 $r/ds=m$，首先计算由单一偶极子源在 $p$ 点的垂直磁场，再计算由各边 $n$ 个偶极子产生的垂直磁场，最后将各边计算的垂直磁场进行叠加，得到最终偶极源近似下的回线内 $p$ 点的场值。值得注意的是，在计算其余各边时，必须使比值 $m$ 的条件得到满足。显然，$m$ 值越大，偶极源近似的条件越会得到满足。但 $m$ 值过大，计算工作量越大，计算时间会过长。

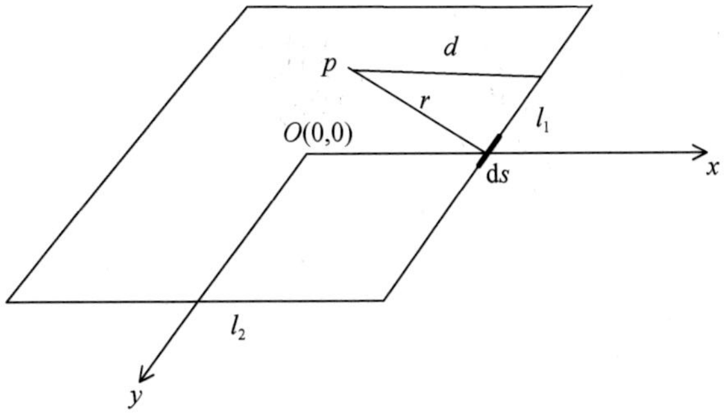


图 5-8　偶极源分解示意图

通过分析不同比例系数情况下的视电阻率计算结果得到偶极子近似引起的相对误差。设定均匀半空间电阻率为 100 Ω · m，表 5-12 为圆内接正 512 边形时，不同比例系数、不同时间情况下，中心点的视电阻率计算结果。其中，圆半径为50 m，发射电流为 1 A。图 5-9 为对应表 5-12 得到的对比图。

**表 5-12　正 512 边形不同比例系数、不同时间情况下中心点视电阻率计算结果**

| 系数 | $t$=0.00001 | $t$=0.00005 | $t$=0.0001 | $t$=0.0005 | $t$=0.001 | $t$=0.005 | $t$=0.01 | $t$=0.05 |
|---|---|---|---|---|---|---|---|---|
| 30 | 218 | 199 | 197 | 195 | 195 | 195 | 195 | 195 |
| 40 | 176 | 163 | 162 | 161 | 161 | 161 | 161 | 161 |
| 50 | 148 | 140 | 139 | 139 | 139 | 139 | 138 | 138 |
| 60 | 128 | 124 | 123 | 123 | 123 | 123 | 123 | 123 |
| 70 | 113 | 111 | 111 | 111 | 111 | 111 | 111 | 111 |
| 80 | 102 | 101 | 101 | 101 | 101 | 101 | 101 | 101 |
| 82 | 100 | 100 | 100 | 100 | 100 | 100 | 100 | 100 |
| 90 | 100 | 100 | 100 | 100 | 100 | 100 | 100 | 100 |
| 100 | 100 | 100 | 100 | 100 | 100 | 100 | 100 | 100 |

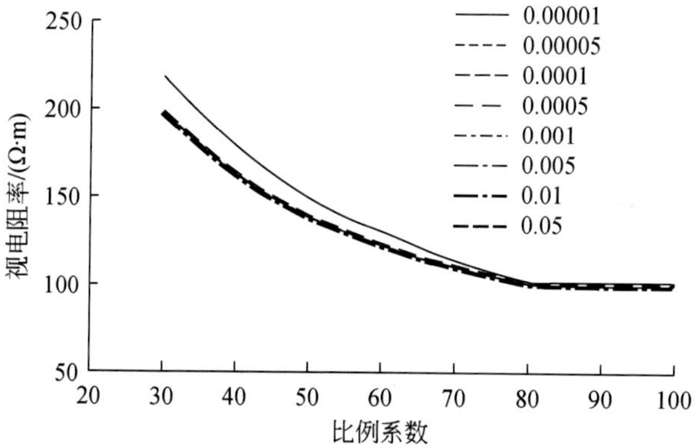


图 5-9　不同比例系数、不同时间情况下中心点视电阻率计算结果对比图

对比表 5-12 数据及图 5-9 中的各曲线发现，在比例系数较小时，早晚期的电阻率计算值均不能达到实际模型值，偶极子近似引起的相对误差较大；随着比例系数的增大，计算的电阻率误差逐渐变小，偶极子近似引起的相对误差变小，在实测允许的相对误差范围之内，但由偶极子自身尺寸存在引起的相对误差依然存在。

为了更好地分析由偶极子自身尺寸引起的相对误差，选择比例系数 $m$ 为 50、82 和 100，分别计算回线中心处的场值，并对两者之间的误差进行比较，如图 5-10 所示。对比发现，无论是比例系数较小的 50 还是系数较大的 100，计算结果与 82 时的相对误差最大值在 2.6% 左右，随着瞬变电磁高精度探测的发展，由偶极子微元计算实际大尺度源的理论可能无法完全满足高精度探测的需要。

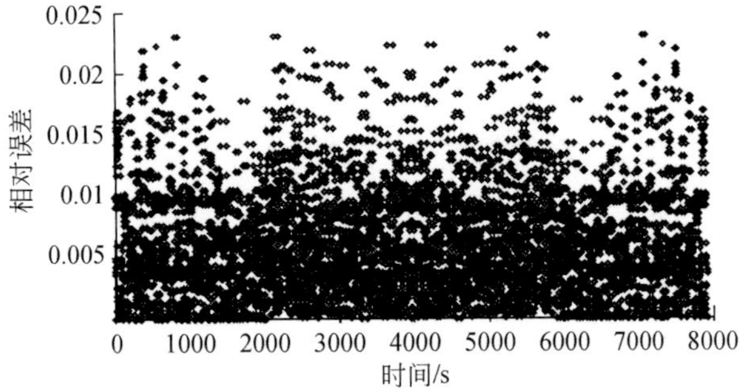


(a)$m$=50和$m$=82场值相对误差散点图

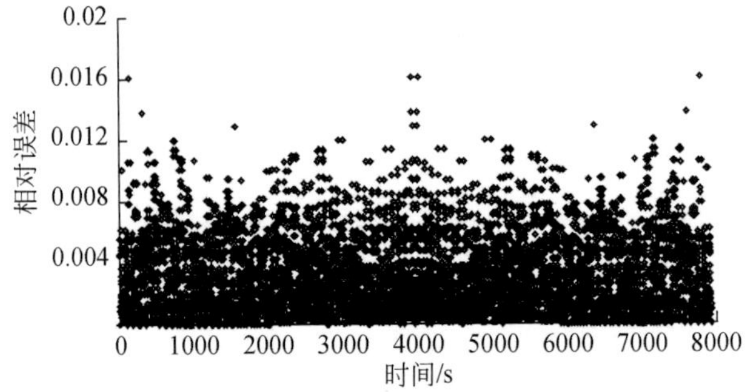


(b)$m$=100和$m$=82场值相对误差散点图

图 5-10　不同比例系数场值相对误差散点图

## 5.6　小　　结

本章利用第 3 章分析给出的各种偶极子微元场的表达式，计算不同偶极子微元近似计算引起的相对误差。分别从静电场、恒定电流场、天线理论辐射场及勘探电磁学谐变场和瞬变场角度，对偶极子近似引起的相对误差进行分析。

进一步给出当源尺寸不可忽略时的校正系数，校正系数的使用不仅针对发射源，也针对接收装置。通过校正系数的使用，可以有效地消除由源尺寸带来的近似误差。

最后分析了大尺度源偶极子近似带来的计算误差。随着瞬变电磁高精度探测的发展，由偶极子微元计算实际大尺度源的理论可能无法完全满足高精度探测的需要。

# 第 6 章　点电荷载流微元的物理机制

在天线理论中,天线的偶极子处理是对处于远区辐射场的远程通信来讲的,当天线的尺寸远小于收发距时,将天线看作偶极子,通以交变电流的天线被做周期运动的等量异号电荷组成的偶极子代替,当天线通电时,电荷做加速运动,形成一系列元电流,这是早期通信的主要发展方向。

在勘探电磁领域,频域电磁法利用了与通信领域类似的处理方式,如可控源音频大地电磁法(CSAMT)利用电偶极源远区场的近似公式计算场值响应和卡尼亚电阻率。而在瞬变电磁法中,场值响应的计算往往在近区进行,天线理论中的偶极子处理方式并不完全适用于瞬变电磁法,需要寻找新的微元形式来代替偶极子微元。

## 6.1　点电荷载流微元的物理机制

在地球物理勘查中,对于小尺度源的短接地导线源和小圆回线源,Nabighian(1991)将两种源看作电偶极源和磁偶极源,位函数的表达式通过将偶极源的磁矩代入点源的格林函数表达式,并未考虑源尺寸不同位置时收发距变化带来的影响;对于大尺度的长接地导线源和大回线源的位和场函数的推导,往往通过偶极源的积分(叠加)得到,而不是直接通过点源的积分得到。

偶极子源公式只适用于收发距远大于源尺寸的情形,对于收发距小于或者与源尺寸相当的情形,偶极子条件不再满足。通过偶极子积分得到的大尺度源场,只是实现了与大尺度源强度的一致性,偶极子源在近区或远区公式存在的高阶或低阶省略项无法通过积分弥补。

虽然在大多数情况下,通过偶极子积分计算的场响应满足传统意义上的计算精度,但随着瞬变电磁探测精度要求的提高,需要引入更小的微元来消除由偶极子微元引起的计算误差。

单极子天线是偶极子天线的一半,将单极子天线置于导体平面上,起辐射作用的是导体上方的单极子天线,利用成像理论,实现和偶极子天线类似的辐射,只是馈点位于单极子天线的顶端,相对于偶极子天线更具有方向性。此时的天线已经不再看作等量异号电荷组成的偶极子,而是单个电荷加速运动产生辐射的单极子。Cole(1994)指出,虽然偶极子天线从宏观上看足够基本,但从根本上分析,电荷的加速运动才更根本。Martin 等(1999)对偶极子天线和行波天线传播进行了对比,指出偶极子天线在中心点辐射和行波天线的电荷加速运动端点辐射存在的不同。

在以往的电磁学认识中,天线的偶极子理论基于组成偶极子的等量异号电荷之间的相互运动,偶极子源的辐射可以通过脉冲激发的电荷微元的场叠加得到,偶极子源是由点电荷源组成的,点电荷源是偶极子源的有效组成部分,点电荷源更加根本。元天线与偶极子的对等关系通过电流源与电荷源之间的等效性获得。对于更加根本的点电荷源,可以在点电荷源电流与点电荷加速运动之间建立起物理及数学关联。

本节使用坐标系相对运动代替电荷运动,给出匀速运动电荷产生的速度场。利用李纳-维谢尔势推导出加速运动电荷产生的场。利用加速运动的电荷来推导电偶极子产生的场,分析电荷加速运动加速度场、速度场与电偶极子激发场之间的对应关系。推导电偶极子瞬变场表达式,分析表达式中由电荷加速运动和匀速运动产生的场。

### 6.1.1　匀速直线运动电荷

对于匀速直线运动的电荷,电荷 $q$ 以速度 $\boldsymbol{v}$ 运动,电荷的运动会引起洛伦兹缩短,使得计算难度增大。为了简化求解过程,引入不同参照系(图 6-1),使得电荷的运动转换为坐标系的运动,分析点电荷匀速直线运动的电场。

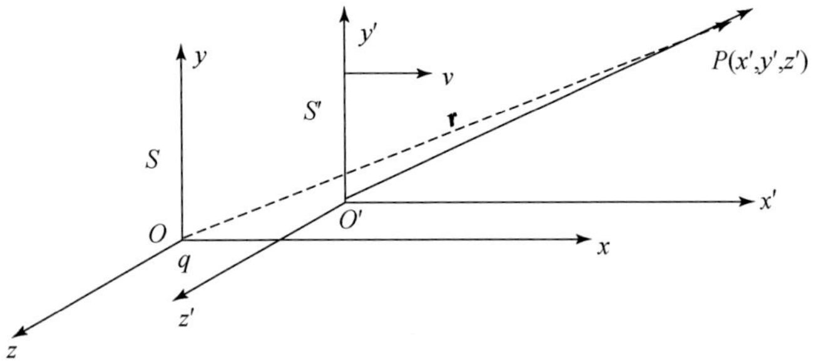


图 6-1　转换坐标系

对于任何一个电荷系统,在 $S$ 系中观测的某一点的电场为

$$\boldsymbol{E}=E_x\boldsymbol{i}+E_y\boldsymbol{j}+E_z\boldsymbol{k}$$

相对于 $S$ 系沿某一方向匀速运动的 $S'$ 参照系中,相应的电场为

$$\boldsymbol{E}'=E'_{x'}\boldsymbol{i}'+E'_{y'}\boldsymbol{j}'+E'_{z'}\boldsymbol{k}'$$

根据洛伦兹变换下麦克斯韦方程的不变性,可以给出两个参照系中电磁场的变换关系,以运动方向沿 $x$ 轴为例

$$\begin{cases} E_x=E'_{x'} \\ E_y=\dfrac{E'_{y'}+vB'_{z'}}{\sqrt{1-v^2/c^2}} \\ E_z=\dfrac{E'_{z'}-vB'_{y'}}{\sqrt{1-v^2/c^2}} \end{cases} \tag{6-1}$$

其中,$c$ 表示光速。

假设在 $S'$系的坐标原点处有一电量为 $q$ 的点电荷,相对于 $S'$系静止,$S'$系相对于 $S$ 系沿 $x$ 轴以速度 $v$ 运动,在 $t=t'=0$ 时,坐标系重合。在 $S'$系中观测的 $P$ 点的电场为

$$\boldsymbol{E}'=\frac{q\boldsymbol{e}_{r'}}{4\pi\varepsilon_0 r'^2} \tag{6-2}$$

即

$$E'_{x'}=\frac{qx'}{4\pi\varepsilon_0\left(x'^2+y'^2+z'^2\right)^{3/2}}$$

$$E'_{y'}=\frac{qy'}{4\pi\varepsilon_0\left(x'^2+y'^2+z'^2\right)^{3/2}}$$

$$E'_{z'}=\frac{qz'}{4\pi\varepsilon_0\left(x'^2+y'^2+z'^2\right)^{3/2}}$$

将洛伦兹变换 $y'=y,z'=z,x'=\dfrac{x-vt}{\sqrt{1-v^2/c^2}}$代入上式,并引入电磁场变换关系,得到 $S$ 系中的电场

$$E_x=E'_{x'}=-\frac{qx(1-v^2/c^2)}{4\pi\varepsilon_0\left[x^2+(y^2+z^2)(1-v^2/c^2)\right]^{3/2}}$$

$$E_y=E'_{y'}/\sqrt{1-v^2/c^2}=-\frac{qy(1-v^2/c^2)}{4\pi\varepsilon_0\left[x^2+(y^2+z^2)(1-v^2/c^2)\right]^{3/2}}$$

$$E_z=E'_{z'}/\sqrt{1-v^2/c^2}=-\frac{qz(1-v^2/c^2)}{4\pi\varepsilon_0\left[x^2+(y^2+z^2)(1-v^2/c^2)\right]^{3/2}}$$

$$\boldsymbol{E}=\frac{q(1-v^2/c^2)}{4\pi\varepsilon_0 r^3\left(1-\sin^2\theta v^2/c^2\right)^{3/2}}\boldsymbol{r} \tag{6-3}$$

其中,$\theta$ 为 $\boldsymbol{r}$ 与电荷的运动速度 $\boldsymbol{v}$ 的夹角,$\boldsymbol{v}$ 为速度矢量,$\boldsymbol{E}$ 为电荷产生的电场。

对于速度场,公式中的电荷为常量,$\boldsymbol{v}$ 和 $\boldsymbol{E}$ 不变,产生的场不变,为似稳场,也称为自有场。匀速运动电荷不会产生辐射,电荷周围的电磁场随着电荷以相同的速度运动。

### 6.1.2　加速运动电荷

对于加速运动电荷产生的场的计算,需要引入李纳-维谢尔势(Thide,2012),图 6-2 为加速运动电荷示意图,$\boldsymbol{R}(t)$表示观测点的位置和观测时间,$\boldsymbol{R}'(t')$表示源点的位置和激发时间。

$$\begin{cases}\varphi(t,\boldsymbol{R})=\dfrac{q}{4\pi\varepsilon_0}\dfrac{1}{s}\\[2ex]\boldsymbol{A}(t,\boldsymbol{R})=\dfrac{\boldsymbol{v}}{c^2}\varphi(t,\boldsymbol{R})\end{cases} \tag{6-4}$$

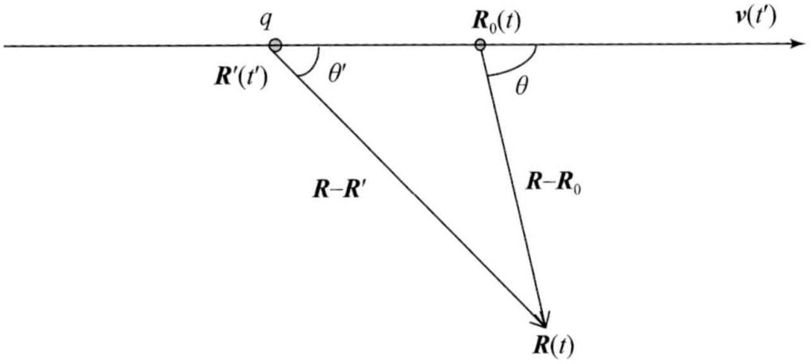


图 6-2　加速运动电荷示意图

其中，$s=(\boldsymbol{R}-\boldsymbol{R}'(t'))\cdot\left(\dfrac{\boldsymbol{R}-\boldsymbol{R}'(t')}{|\boldsymbol{R}-\boldsymbol{R}'(t')|}-\dfrac{\boldsymbol{v}(t')}{c}\right)$，为推迟相对距离。

根据电场与位函数的关系

$$\boldsymbol{E}(t,\boldsymbol{R})=-\nabla\varphi(t,\boldsymbol{R})-\frac{\partial\boldsymbol{A}(t,\boldsymbol{R})}{\partial t} \tag{6-5}$$

将式(6-4)代入上式，得到

$$\begin{aligned}\boldsymbol{E}(t,\boldsymbol{R})=&\frac{q}{4\pi\varepsilon_0 s^3(t',\boldsymbol{R})}\left[\boldsymbol{R}-\boldsymbol{R}'(t')-\frac{|\boldsymbol{R}-\boldsymbol{R}'(t')|\boldsymbol{v}(t')}{c}\right]\left(1-\frac{v^2(t')}{c^2}\right)\\&+\frac{q}{4\pi\varepsilon_0 s^3(t',\boldsymbol{R})}\left\{\frac{\boldsymbol{R}-\boldsymbol{R}'(t')}{c^2}\times\left[\left(\boldsymbol{R}-\boldsymbol{R}'(t')-\frac{|\boldsymbol{R}-\boldsymbol{R}'(t')|\boldsymbol{v}(t')}{c}\right)\times\boldsymbol{a}(t')\right]\right\}\end{aligned} \tag{6-6}$$

式中，第一部分是速度场，为 $t'$ 时刻源电荷运动的速度，并不产生辐射，通过参数的对应，可以得到和式(6-3)相同的表达式；第二部分为辐射场，由加速度产生，也称为加速度场。

利用 $\boldsymbol{R}-\boldsymbol{R}_0(t)=\boldsymbol{R}-\boldsymbol{R}'(t')-\dfrac{|\boldsymbol{R}-\boldsymbol{R}'(t')|\boldsymbol{v}(t')}{c}$，式(6-6)简化为

$$\boldsymbol{E}(t,\boldsymbol{R})=\frac{q}{4\pi\varepsilon_0 s^3}\left[(\boldsymbol{R}-\boldsymbol{R}_0)\left(1-\frac{v^2}{c^2}\right)+(\boldsymbol{R}-\boldsymbol{R}')\times\frac{(\boldsymbol{R}-\boldsymbol{R}_0)\times\boldsymbol{a}}{c^2}\right] \tag{6-7}$$

## 6.2　谐变电偶极子场的点电荷解释

振荡偶极子是电磁波辐射的最简单系统，它相当于一个交变电流元，实际的天线可看作由许多交变电流元（元天线）组合而成，同时，偶极子是一对做周期运动的等量异号电荷，当元天线中通以交变电流时，其中的电荷做加速运动，形成一元电流，在周围空间激发起变化的电磁场。以往对于偶极子激发的电磁场的分析在两种特殊的情形下进行，当收发距远小于波长时，电磁场为近区场，也称为似稳场、

感应场;当收发距远大于波长时,电磁场为远区场,也称为辐射场。电荷源与电流源之间的等效性通过下式给出:

$$q = \int I\mathrm{d}t = \int I_0 \mathrm{e}^{\mathrm{i}\omega t}\mathrm{d}t = \frac{I}{\mathrm{i}\omega}$$

令

$$p = ql = \frac{Il}{\mathrm{i}\omega} \tag{6-8}$$

式中,$q$ 表示电荷,$I$ 表示电流,$P$ 表示电极矩。

偶极子的电荷源解释可以两种方式进行,一种是电荷的变化,在元天线内电荷以一定的频率相对来回运动,此时

$$\begin{cases} q = q_0\cos(\omega t) \\ I = \dfrac{\partial q}{\partial t} = -q_0\omega\sin(\omega t) \\ p = q_0 l \end{cases} \tag{6-9}$$

另一种方式是电荷不变,$L$ 振荡。$L$ 的振荡与电荷的加速度联系起来

$$qa(t) = q\left(\frac{l''}{2}\right) + (-q)\left(-\frac{l''}{2}\right) = ql'' = p'' = (P_0\cos(\omega t))'' = -\omega^2 P_0\cos(\omega t) \tag{6-10}$$

其中,$a$ 表示加速度。

为了更好地将前面的加速运动电荷的场与偶极子场相关联,选取第二种方式对偶极子场进行点电荷加速运动解释。

### 6.2.1　辐射场

作为电荷低速运动激发辐射的模型,电偶极辐射是最基本的电磁辐射,可以看作由电偶极子简谐振动得到。简谐振动是变速直线运动的一种特殊形式,而电偶极子辐射可以看作加速运动电荷辐射的特例(图 6-3)。

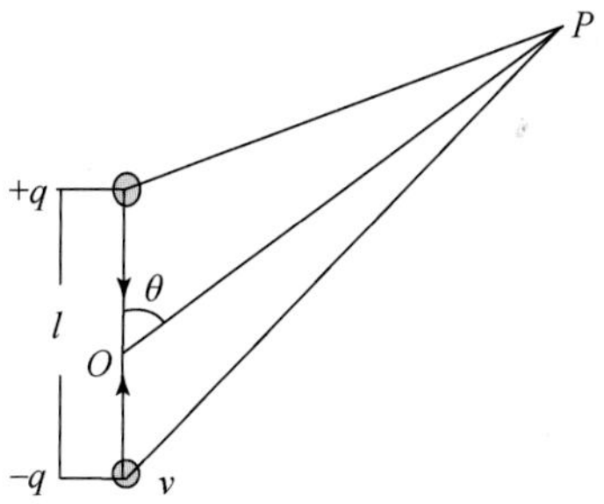


图 6-3　偶极子的点电荷组成

电偶极子辐射场(远区场)公式为

$$E_\theta=\frac{I_0lK^2}{4\pi\varepsilon_0\omega r}e^{i[\omega(t-r/c)+\pi/2]}\sin\theta \tag{6-11}$$

将 $K=\frac{2\pi}{\lambda}=\frac{\omega}{c}$, $i=e^{i\pi/2}$ 和式(6-8)代入上式,得到

$$E_\theta=\frac{P_0\omega^2}{4\pi\varepsilon_0c^2r}e^{i[\omega(t-r/c)]}\sin\theta \tag{6-12}$$

考虑组成偶极子的电荷的相对运动,电荷为低速运动,电荷运动速度 $v\ll c$,偶极子成立的条件为 $l\ll r=|\boldsymbol{R}-\boldsymbol{R}'(t')|$。因此,$|\boldsymbol{R}-\boldsymbol{R}_0(t')|\approx|\boldsymbol{R}-\boldsymbol{R}'(t')|=r$,$\theta'=\theta$。将上述简化条件代入加速运动电荷电场公式(6-7)中辐射场部分,得到

$$E_\theta=qa(t-r/c)\sin\theta/(4\pi\varepsilon_0c^2r)$$

将式(6-10)代入上式,得到

$$E_\theta=\omega^2P_0\cos\omega(t-r/c)\sin\theta/(4\pi\varepsilon_0c^2r) \tag{6-13}$$

取式(6-12)的实部,可以得到和式(6-13)相同的结果。

### 6.2.2 近区场

振荡偶极子在周围空间激发的电磁场不仅是辐射场,还包括近区场(感应场),振荡偶极子激发的近区场公式为

$$E_\theta=\frac{p\sin\theta}{4\pi\varepsilon_0r^3} \tag{6-14}$$

在近区场,偶极子条件依然满足,$l\ll r$,且 $v\ll c$。将简化条件代入匀速运动电荷产生的速度场(6-3),有

$$\boldsymbol{E}\approx\frac{q}{4\pi\varepsilon_0r^3}\boldsymbol{r} \tag{6-15}$$

偶极子产生的电场可以通过等量异号相对运动的电荷激发的场得到

$$\boldsymbol{E}=\frac{q_+}{4\pi\varepsilon_0r_+^3}\boldsymbol{r}_++\frac{q_-}{4\pi\varepsilon_0r_-^{\ 3}}\boldsymbol{r}_- \tag{6-16}$$

由 $l\ll r$ 可以得到

$$r_+\approx r-\frac{1}{2}l\cos\theta,\quad r_-\approx r+\frac{1}{2}l\cos\theta$$

则

$$r_--r_+\approx l\cos\theta,\quad r_-+r_+\approx 2r,\quad r_-r_+\approx r^2$$

$$r_-^3-r_+^3\approx 3r^3l\cos\theta,\quad r_-^3+r_+^3\approx 2r^3$$

将上面的近似代入式(6-16),得到

$$E_\theta=\frac{p\sin\theta}{4\pi\varepsilon_0r^3} \tag{6-17}$$

由运动电荷产生的速度场与偶极子源在近场激发的场对应,通过电荷的运动可以从更根本的角度解释偶极子源激发的场的特征。

## 6.3 瞬变电偶极子场的运动电荷解释

上面分析了振荡电偶极子产生的场与加速运动电荷和匀速运动电荷的场的对应关系。偶极子是一对做周期运动的等量异号电荷,当元天线中通以交变电流时,其中的电荷做加速运动,形成一元电流,在周围空间激发起变化的电磁场。那么,当元天线中通以阶跃电流时,瞬变电偶极子的场与运动电荷场之间也存在着某种对应关系。

经典电磁理论中,瞬变场通过谐变场进行频时变换得到。下面给出瞬变电偶极子场的推导过程。

### 6.3.1 瞬变电偶极子辐射场

式(6-11)为谐变电偶极子辐射场的表达式:

$$E_\theta=\frac{I_0 lK^2}{4\pi\varepsilon_0\omega r}\mathrm{e}^{\mathrm{i}[\omega(t-r/c)+\pi/2]}\sin\theta$$

由 $K^2=\mu_0\varepsilon_0\omega^2$, $\mathrm{i}=\mathrm{e}^{\mathrm{i}\pi/2}$,得到

$$E_\theta=\frac{I_0 l\mu_0\mathrm{i}\omega}{4\pi r}\mathrm{e}^{\mathrm{i}\omega(t-r/c)}\sin\theta \tag{6-18}$$

令 $b=\mathrm{i}\omega$,则上式变为

$$E_\theta=\frac{I_0 l\mu_0 b}{4\pi r}\mathrm{e}^{b(t-r/c)}\sin\theta \tag{6-19}$$

则瞬变电偶极子辐射场

$$e_\theta=L^{-1}\left\{\frac{E_\theta}{b}\right\}=L^{-1}\left\{\frac{I_0 l\mu_0}{4\pi r}\mathrm{e}^{b(t-r/c)}\sin\theta\right\} \tag{6-20}$$

由拉普拉斯变换表,$L^{-1}\{\mathrm{e}^{-\alpha b}\}=\delta(t-\alpha)$,得到

$$e_\theta=\frac{I_0 l\mu_0}{4\pi r}\sin\theta\delta(t+t_0-r/c) \tag{6-21}$$

与谐变场是稳定场不同,瞬变场存在时间上的因果性,$t_0$ 为电荷运动到偶极子端点的时刻,$t_0=\frac{L}{v}$,$t$ 为场的观测时刻。

这里,电偶极子是在一端激发,另一端点辐射,若考虑元天线在中心点辐射的情形,则上式可以变为

$$e_\theta=\frac{I_0 l\mu_0\sin\theta}{4\pi r}\left[\delta\left(t+\frac{L}{2v}-\frac{2r-L\cos\theta}{2c}\right)-\delta\left(t-\frac{L}{2v}-\frac{2r+L\cos\theta}{2c}\right)\right]$$

由上式可以看出,瞬变电偶极子的辐射场由两个符号相反的脉冲组成,其中一个脉冲在时刻 $t=-\frac{L}{2v}$激发,经过延迟时间$\frac{2r-L\cos\theta}{2c}$到达 $P$ 点(图 6-3),第二个脉冲在时刻 $t=\frac{L}{2v}$激发,经过延迟时间$\frac{2r+L\cos\theta}{2c}$到达 $P$ 点(图 6-3)。

从电荷运动的角度进行解释,在时刻 $t=-\frac{L}{2v}$,$+q$ 突然以速度 $v$ 向$-q$ 运动,并且在 $t=\frac{L}{2v}$时刻到达电荷$-q$ 所在位置而突然停止,在$\left(-\frac{L}{2v},\frac{L}{2v}\right)$的时间段内出现一个突然产生后又突然消失的电流元。第一个脉冲激发的时刻与电荷开始运动的时刻对应,第二个脉冲与电荷突然停止的时刻对应,这说明了辐射是在做加速运动时产生的。

### 6.3.2　瞬变电偶极子近区场

式(6-14)为谐变电偶极子激发的近区场的表达式:

$$E_\theta=\frac{p\sin\theta}{4\pi\varepsilon_0 r^3}$$

由 $p=Il=I_0 l\mathrm{e}^{\mathrm{i}\omega t}$得到

$$E_\theta=\frac{I_0 l\mathrm{e}^{\mathrm{i}\omega t}\sin\theta}{4\pi\varepsilon_0 r^3} \tag{6-22}$$

令 $b=\mathrm{i}\omega$,则上式变为

$$E_\theta=\frac{I_0 l\mathrm{e}^{bt}\sin\theta}{4\pi\varepsilon_0 r^3} \tag{6-23}$$

瞬变电偶极子近区场

$$e_\theta=L^{-1}\left\{\frac{E_\theta}{b}\right\}=L^{-1}\left\{\frac{I_0 l\mathrm{e}^{bt}\sin\theta}{4\pi\varepsilon_0 r^3 b}\right\} \tag{6-24}$$

由拉普拉斯变换表,$L^{-1}\left\{\frac{\mathrm{e}^{-\alpha b}}{b}\right\}=u(t-\alpha)$,得到

$$e_\theta=\frac{I_0 l\sin\theta}{4\pi\varepsilon_0 r^3}u\left(t+\frac{l}{v}\right) \tag{6-25}$$

若考虑元天线在中心点激发场的情形,则上式可以变为

$$e_\theta=\frac{I_0 l\sin\theta}{4\pi\varepsilon_0 r^3}\left[u\left(t+\frac{l}{2v}\right)-u\left(t-\frac{l}{2v}\right)\right] \tag{6-26}$$

瞬变电偶极子的自有场与恒定电流激发的场在数值上具有统一性,只是源作用的时间限定在$\left(-\frac{L}{2v},\frac{L}{2v}\right)$的时间段内,与电荷匀速运动的时间段一致。

### 6.3.3　收发距较小的情形

对于元天线满足偶极子条件的情况,使用偶极子源公式计算元天线产生的辐射场和近区场,可以得到正确的结果,对于收发距不满足偶极子条件的情形,使用偶极子公式必然带来计算误差。为了对偶极子近似引起的误差有一个清晰的认识,使用式(6-16)、式(6-14)分别计算由电荷加速运动、偶极子激发的电场。对于不满足偶极子条件的测点,可以通过叠加偶极子的计算方式得到,计算结果如表 6-1所示。这里,元天线长度 $l=1$,$\theta=45°$。

**表 6-1　不同微元激发场**

| $r$ | 元天线 | 电荷加速运动 | 电偶极子 |
|---|---|---|---|
| 10 | $2.25\times10^{6}$ | $2.25\times10^{6}$ | $2.25\times10^{6}$ |
| 9 | $3.09\times10^{6}$ | $3.09\times10^{6}$ | $3.09\times10^{6}$ |
| 8 | $4.40\times10^{6}$ | $4.40\times10^{6}$ | $4.39\times10^{6}$ |
| 7 | $6.58\times10^{6}$ | $6.58\times10^{6}$ | $6.56\times10^{6}$ |
| 6 | $1.05\times10^{7}$ | $1.05\times10^{7}$ | $1.04\times10^{7}$ |
| 5 | $1.81\times10^{7}$ | $1.81\times10^{7}$ | $1.80\times10^{7}$ |
| 4 | $3.55\times10^{7}$ | $3.55\times10^{7}$ | 35156250 |
| 3 | $8.47\times10^{7}$ | $8.47\times10^{7}$ | $8.33\times10^{7}$ |
| 2 | $2.91\times10^{8}$ | $2.91\times10^{8}$ | $2.81\times10^{8}$ |
| 1 | $2.56\times10^{9}$ | $2.56\times10^{9}$ | $2.25\times10^{9}$ |
| 0.8 | $5.31\times10^{9}$ | $5.31\times10^{9}$ | $4.39\times10^{9}$ |
| 0.5 | $2.56\times10^{10}$ | $2.56\times10^{10}$ | $1.80\times10^{10}$ |
| 0.4 | $5.27\times10^{10}$ | $5.27\times10^{10}$ | $3.52\times10^{10}$ |
| 0.3 | $1.21\times10^{11}$ | $1.21\times10^{11}$ | $8.33\times10^{10}$ |
| 0.2 | $3.15\times10^{11}$ | $3.15\times10^{11}$ | $2.81\times10^{11}$ |
| 0.1 | $1.26\times10^{12}$ | $1.26\times10^{12}$ | $2.25\times10^{12}$ |

元天线阶跃源瞬变电场响应与电荷加速运动的响应始终保持一致,而电偶极子的电场响应计算结果与实际元天线响应在收发距较大时保持一致,但随着偏移距的减小,偶极子条件不再满足,通过偶极子公式近似计算的响应不再满足实际情况,收发距较小时的偶极子近似会引起较大的计算误差。相比较而言,加速运动电荷自始至终可以得到与实际元天线相同的结果,因此,电荷加速运动产生的场更加符合实际情况,同时,点电荷作为电偶极子的有机组成部分,更加根本。

# 第 7 章　点电荷载流微元瞬变电磁场的直接时域计算

第 2 章介绍了非线性方程的一般求解方法,本章将针对具体的方程类型进行求解过程分析。

## 7.1　求解全空间中的二阶线性有源非齐次方程的格林函数方法

对于各种非齐次数学物理方程,如电磁场的达朗贝尔方程、有源的热传导(扩散)方程等非齐次的偏微分方程,其共同形式为

$$L\varphi(x_1,x_2,x_3,x_0)=-\rho(x_1,x_2,x_3,x_0) \tag{7-1}$$

其中,变量 $x_1,x_2,x_3$ 指空间坐标$(x_1,x_2,x_3)$,$x_0$ 指时间坐标 $t$;$\varphi$ 表示某种场,如温度场、电磁场、粒子场等;$\rho$ 是产生场的源,如热源、电荷等;$L$ 是某种线性微分算符,反映源产生场的规律。一般情况下,$L$ 可以表示为

$$L=a_0+a_\mu\frac{\partial}{\partial x_\mu}+a_{\mu\nu}\frac{\partial^2}{\partial x_\mu\partial x_\nu} \tag{7-2}$$

下面给出用格林函数方法求解非齐次数学物理方程的具体过程:

方程(7-1)的解可以写成形式

$$\varphi(x_1,x_2,x_3,x_0)=-L^{-1}\rho(x_1,x_2,x_3,x_0) \tag{7-3}$$

其中,$L^{-1}$ 为微分算符 $L$ 的逆算符,即积分算符。利用 $\delta$ 函数把方程(7-1)的右端表示成

$$\rho(x_1,x_2,x_3,x_0)=\int\rho(x')\delta^{(4)}(x-x')\mathrm{d}x' \tag{7-4}$$

考虑到算符 $L$ 只作用于没有带撇“′”的坐标 $x_1,x_2,x_3,x_0$ 上,由式(7-3)可得

$$\varphi(x)=-\int\rho(x')L^{-1}\delta^{(4)}(x-x')\mathrm{d}x' \tag{7-5}$$

这时式(7-1)的解形式为

$$\varphi(x)=\int\rho(x')G(x,x')\mathrm{d}x' \tag{7-6}$$

其中

$$G(x,x')=-L^{-1}\delta^{(4)}(x-x') \tag{7-7}$$

称为方程(7-1)的格林函数,式(7-1)可以改写成如下更直观的形式:

$$\varphi(x,t)=\int G(x,t;x',t')\rho(x',t')\mathrm{d}x'\mathrm{d}t' \tag{7-8}$$

式(7-8)的物理意义在于：源 $\rho$ 产生场，格林函数给出由 $t'$ 时刻位于 $x'$ 的单位强度源在 $t$ 时刻在点 $x$ 处所产生的那一部分场，对所有源的分布及其作用的所有时刻积分，其结果便得到给定时空坐标的场量 $\varphi(x,t)$。场源可以由一个连续的体分布源、面分布源或线分布源产生，也可以由一个点源产生。但是，最重要的是连续分布源所产生的场，可以由无限多个点源在空间所产生的场叠加得到。或者说，知道了一个点源的场，就可以通过叠加的方法算出连续分布源的场。所以，研究点源及其所产生场之间的关系十分重要。

对式(7-7)两端作用算符 $L$，有

$$LG(x,x') = -\delta^{(4)}(x-x') \tag{7-9}$$

严格地说，用算符 $L$ 作用于 $G(x,x')$ 是非单值的运算，因为将任何由齐次方程

$$LG_0(x,x') = 0 \tag{7-10}$$

确定的 $G_0(x,x')$（它可以由辅助条件、边界条件、初始条件等选择确定）加到 $G(x,x')$ 中去，$G$ 仍然满足式(7-9)，因此，格林函数的一般形式是

$$G(x,x') = G_1(x,x') + G_0(x,x') \tag{7-11}$$

其中，$G_1(x,x')$ 是式(7-9)的一个特解，即

$$LG_1(x,x') = -\delta^{(4)}(x-x') \tag{7-12}$$

$G_0(x,x')$ 是齐次方程 $LG_0(x,x')=0$ 的解。

首先，由于 $G_0(x,x')$ 满足齐次方程 $LG_0(x,x')=0$，通常采用分离变量方法求解 $G_0(x,x')$。齐次方程 $LG_0(x,x')=0$ 结合一定的边界条件、初始条件等辅助条件形成定解问题，利用分离变量等方法求解这些定解问题就可得到相应的 $G_0(x,x')$。

下面讨论 $G_1(x,x')$ 的求法：由于微分算符的逆算符 $L^{-1}$ 正是积分算符，对式(7-7)两端积分并利用 $\delta$ 函数的性质，可以看出它应该是格林函数的积分表示，即

$$L^{-1} = -\int G(x,x')(\mathrm{d}x') \tag{7-13}$$

如果把 $\delta$ 函数表示成傅里叶积分

$$\delta^{(4)}(x-x') = \frac{1}{(2\pi)^4}\int \mathrm{e}^{\mathrm{i}K_\alpha(x_\alpha - x'_\alpha)}\,\mathrm{d}^4K \tag{7-14}$$

其中

$$\mathrm{d}^4K = \mathrm{d}K_1\,\mathrm{d}K_2\,\mathrm{d}K_3\,\mathrm{d}K_0 \tag{7-15}$$

考虑到算符 $L$ 是线性算符，下述关系式成立：

$$L^{-1}L\mathrm{e}^{\mathrm{i}K_\alpha x_\alpha} = LL^{-1}\mathrm{e}^{\mathrm{i}K_\alpha x_\alpha} = \mathrm{e}^{\mathrm{i}K_\alpha x_\alpha} \tag{7-16}$$

可得到

$$L^{-1}\mathrm{e}^{\mathrm{i}K_\alpha x_\alpha} = \frac{\mathrm{e}^{\mathrm{i}K_\alpha x_\alpha}}{a_0 + \mathrm{i}K_\mu a_\mu + (\mathrm{i}K_\mu)(\mathrm{i}K_\nu)a_{\mu\nu}} \tag{7-17}$$

于是有

$$L^{-1}\delta^{(4)}(x-x')=\frac{1}{(2\pi)^4}\int\frac{e^{iK_\alpha(x_\alpha-x_\alpha')}}{a_0+iK_\mu a_\mu+(iK_\mu)(iK_\nu)a_{\mu\nu}}d^4K \tag{7-18}$$

由此便可得到 $G_1(x,x')$ 之值

$$G_1(x,x')=\frac{-1}{(2\pi)^4}\int\frac{e^{iK_\alpha(x_\alpha-x'_\alpha)}}{a_0+iK_\mu a_\mu+(iK_\mu)(iK_\nu)a_{\mu\nu}}d^4K \tag{7-19}$$

由于是在全空间上考虑问题，边界条件的影响可以忽略，若初始条件为 $\varphi(x,t)|_{t=0}=0$，即 $\varphi$ 满足齐次初始条件，则形如式(7-1)的各类非齐次数学物理方程将不存在定解条件，这将导致

$$G_0(x,x')=0 \tag{7-20}$$

因此有

$$G(x,x')=G_1(x,x') \tag{7-21}$$

只要求出 $G_1(x,x')$，也就等于求出了 $G(x,x')$，进而可以给出全空间上齐次初始条件下一些数学物理方程的格林函数解。因此，式(7-19)可看成在齐次初始条件下求解全空间非齐次数学物理方程格林函数的一般公式。

在物理上，若场函数 $\varphi$ 分布的区域远大于源函数 $\rho$ 分布的区域，或者粒子与粒子之间的相互作用的有效范围远小于粒子的运动范围，这时可将具体的物理问题抽象为全空间的数学问题加以研究，这种求格林函数 $G_1(x,x')$（即 $G(x,x')$）的方法在物理上有重要应用。

## 7.2　常见的非齐次数学物理方程格林函数的积分形式解

场函数 $\varphi$ 是坐标 $x$ 和时间 $t$ 的函数，由 $e^{iK_\alpha(x_\alpha-x'_\alpha)}=e^{iK\cdot(x-x')-iK_0(t-t')}$，写出下面数学物理方程相应的格林函数求法，齐次方程 $LG_0(x,x')=0$ 的通解 $G_0(x,x')$ 通常利用经典的分离变量方法。

### 7.2.1　电磁场的达朗贝尔方程(波动方程)

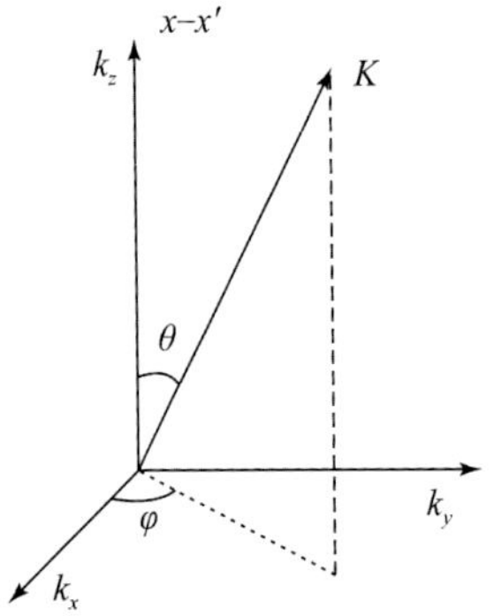

图 7-1　球坐标系示意图

$$\Delta u-\frac{1}{\nu^2}\frac{\partial^2 u}{\partial t^2}=-\frac{\rho(x,t)}{\varepsilon} \tag{7-22}$$

的形式格林函数为

$$G(x,t;x',t')=\frac{-1}{(2\pi)^4}\int\frac{e^{iK\cdot(x-x')-iK_0(t-t')}}{-K^2+\frac{K_0^2}{\nu^2}}d^3K dK_0 \tag{7-23}$$

下面具体计算式(7-23)，给出方程格林函数的具体形式。对形式格林函数(7-23)在 $K$ 空间上积分，选用球坐标是方便的，以 $x-x'$ 为极轴，如图 7-1 所示。

先对角度部分积分,由于 $K\cdot(x-x')=|K||x-x'|\cos\theta=r|x-x'|\cos\theta$(这里 $r=|K|$指极径),利用

$$\int_0^{2\pi}\int_0^{\pi}\mathrm{e}^{\mathrm{i}r|x-x'|\cos\theta}\cdot\sin\theta\mathrm{d}\theta\mathrm{d}\varphi=\frac{2\pi}{\mathrm{i}r|x-x'|}\cdot[\mathrm{e}^{\mathrm{i}r|x-x'|}-\mathrm{e}^{-\mathrm{i}r|x-x'|}]$$

可得

$$G(x,t;x',t')=\frac{1}{(2\pi)^3}\frac{1}{\mathrm{i}|x-x'|}\int_{-\infty}^{\infty}\mathrm{d}K_0\int_0^{\infty}\frac{r\mathrm{d}r}{r^2-\frac{K_0^{\ 2}}{\nu^2}}[\mathrm{e}^{\mathrm{i}r|x-x'|}-\mathrm{e}^{-\mathrm{i}r|x-x'|}]\,\mathrm{e}^{-\mathrm{i}K_0(t-t')}$$

再将径向 $r$ 积分变为沿整个实轴的积分

$$G(x,t;x',t')=\frac{1}{(2\pi)^3}\frac{1}{\mathrm{i}|x-x'|}\int_{-\infty}^{\infty}\mathrm{d}K_0\int_{-\infty}^{\infty}\frac{r\mathrm{d}r}{r^2-\frac{K_0^{\ 2}}{\nu^2}}\mathrm{e}^{\mathrm{i}r|x-x'|-\mathrm{i}K_0(t-t')}\tag{7-24}$$

将式(7-24)中分母分解因式,得

$$\begin{aligned}G(x,t;x',t')&=\frac{1}{(2\pi)^3}\frac{1}{\mathrm{i}|x-x'|}\int_{-\infty}^{\infty}\mathrm{d}K_0\int_{-\infty}^{\infty}\frac{r\mathrm{d}r}{\left(r+\frac{K_0}{\nu}\right)\left(r-\frac{K_0}{\nu}\right)}\mathrm{e}^{\mathrm{i}r|x-x'|-\mathrm{i}K_0(t-t')}\\&=\frac{1}{(2\pi)^3}\frac{1}{\mathrm{i}|x-x'|}\int_{-\infty}^{\infty}\mathrm{e}^{-\mathrm{i}K_0(t-t')}\mathrm{d}K_0\int_{-\infty}^{\infty}\frac{r\mathrm{d}r}{\left(r+\frac{K_0}{\nu}\right)\left(r-\frac{K_0}{\nu}\right)}\mathrm{e}^{\mathrm{i}r|x-x'|}\end{aligned}\tag{7-25}$$

对于式(7-25)这种被积函数 $f(x)$ 在实轴上存在单极点的积分 $\int_{-\infty}^{\infty}f(x)\mathrm{d}x$,如果 $f(z)$ 在上半平面除有限个奇点外是解析的,可以引入辅助路径计算此类积分。以 $z=\alpha$ 为圆心,以充分小的正数 $\varepsilon$ 为半径作半圆弧绕过奇点 $\alpha$ 构成如图7-2所示积分回路,于是有

$$\oint_l f(z)\mathrm{d}z=\int_{-R}^{\alpha-\varepsilon}f(x)\mathrm{d}x+\int_{\alpha+\varepsilon}^{R}f(x)\mathrm{d}x+\int_{C_R}f(z)\mathrm{d}z+\int_{C_\varepsilon}f(z)\mathrm{d}z\tag{7-26}$$

其中,$C_R$,$C_\varepsilon$ 分别为半径为 $R$,$\varepsilon$ 的如图7-2所示的半圆弧。当 $R\to\infty$,$\varepsilon\to0$ 时,对式(7-26)两端取极限,利用留数定理得式(7-26)左边积分值等于 $2\pi\mathrm{i}\sum\limits_{\text{上半平面奇点}\alpha_k}\mathrm{Res}f(\alpha_k)=0$(因为上半平面无奇点)。

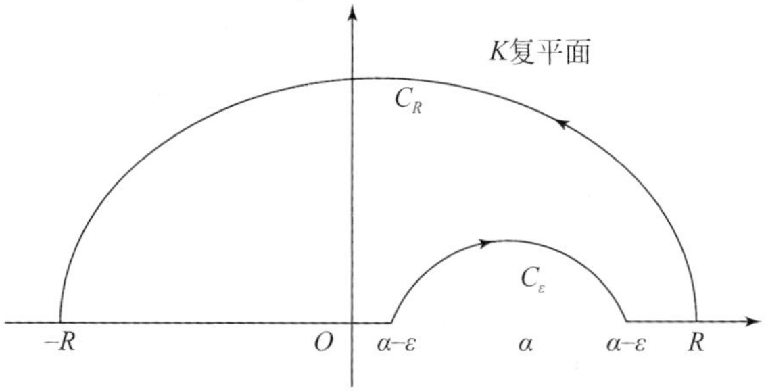


图7-2 含奇点的积分路径

右边第一、第二项之和即为所求积分，由约当引理，第三项极限为零。对于第四项，计算如下：将$f(z)$在$z=\alpha$的邻域内展开成洛朗级数，由于$z=\alpha$是$f(z)$的单极点，于是

$$f(z)=\frac{a_{-1}}{z-\alpha}+P(z-\alpha)$$

其中，$P(z-\alpha)$为级数的解析部分，它在$C_\varepsilon$上连续且有界，因此

$$\left|\int_{C_\varepsilon}P(z-\alpha)\,\mathrm{d}z\right|\leqslant\max|P(z-\alpha)|\int_{C_\varepsilon}|\mathrm{d}z|=\pi\varepsilon\cdot\max|P(z-\alpha)|$$

所以

$$\lim_{\varepsilon\to0}\int_{C_\varepsilon}P(z-\alpha)\,\mathrm{d}z=0$$

而

$$\int_{C_\varepsilon}\frac{a_{-1}}{z-\alpha}\mathrm{d}z=\int_{C_\varepsilon}\frac{a_{-1}}{z-\alpha}\mathrm{d}(z-\alpha)=\int_{\pi}^{0}\frac{a_{-1}}{\varepsilon\mathrm{e}^{\mathrm{i}\varphi}}\varepsilon\mathrm{e}^{\mathrm{i}\varphi}\mathrm{i}\mathrm{d}\varphi=-\pi\mathrm{i}a_{-1}=-\pi\mathrm{i}\mathrm{Res}f(\alpha)$$

于是，当$R\to\infty$，$\varepsilon\to\infty$时，对式(7-26)两端取极限得

$$\int_{-\infty}^{+\infty}f(x)\,\mathrm{d}x=2\pi\mathrm{i}\sum_{上半平面奇点\alpha_k}\mathrm{Res}f(\alpha_k)+\pi\mathrm{i}\mathrm{Res}f(\alpha)$$

若实轴上有有限个单极点$b_1,\cdots,b_m$，则类似地可以得到

$$\int_{-\infty}^{+\infty}f(x)\,\mathrm{d}x=2\pi\mathrm{i}\sum_{上半平面奇点\alpha_k}\mathrm{Res}f(\alpha_k)+\pi\mathrm{i}\sum_{实轴上b_j}\mathrm{Res}f(b_j)\tag{7-27}$$

从以上计算看到，实轴上有奇点时，仍归结为留数的计算，但需注意以下两点：

(1) $C_\varepsilon$不是闭合曲线，$f(z)$洛朗展开的解析部分的积分值只是当$\varepsilon\to0$时才趋于零。

(2)实轴上的奇点只能是单极点，不能是二阶或者二阶以上的极点，更不能是本性奇点，否则，当$\varepsilon\to0$时，积分$\int_{C_\varepsilon}f(z)\,\mathrm{d}z$之值将趋于$\infty$(极点情形)或不存在(本性奇点情形)。

由于实轴$K$上有两个一阶极点，上半平面没有奇点，需引入辅助路径$C_R$和$C_\varepsilon$，积分回路的选择如图7-3所示，根据上述讨论，由约当引理，利用留数及式(7-27)求得

$$\begin{aligned}G(x,t;x',t')&=\frac{1}{(2\pi)^3}\frac{1}{\mathrm{i}|x-x'|}\int_{-\infty}^{\infty}2\pi\mathrm{i}\frac{\mathrm{e}^{\mathrm{i}\frac{K_0}{\nu}|x-x'|-\mathrm{i}K_0(t-t')}}{\frac{2K_0}{\nu}}\frac{K_0}{\nu}\mathrm{d}K_0\\&=\frac{1}{(2\pi)^3}\frac{\pi}{|x-x'|}\int_{-\infty}^{\infty}\mathrm{e}^{\mathrm{i}\frac{K_0}{\nu}|x-x'|-\mathrm{i}K_0(t-t')}\mathrm{d}K_0\\&=\frac{1}{(2\pi)^3}\frac{\pi}{|x-x'|}\int_{-\infty}^{\infty}\mathrm{e}^{\mathrm{i}K_0\left[\frac{|x-x'|}{\nu}-(t-t')\right]}\mathrm{d}K_0\end{aligned}\tag{7-28}$$

进一步求得格林函数

$$G(x,t;x',t') = \frac{1}{4\pi}\frac{1}{|x-x'|}\frac{1}{2\pi}\int_{-\infty}^{\infty} e^{iK_0\left[\frac{|x-x'|}{\nu}-(t-t')\right]}\,dK_0 = \frac{1}{4\pi}\frac{1}{|x-x'|}\delta\left[\frac{|x-x'|}{\nu}-(t-t')\right] \tag{7-29}$$

即求出了方程(7-22)的格林函数

$$G_1(x,t;x',t') = \frac{1}{4\pi}\frac{1}{|x-x'|}\delta\left[\frac{|x-x'|}{\nu}-(t-t')\right]$$

因此,方程(7-22)的解为

$$u(x,t) = \int \frac{\rho(x',t')}{\varepsilon} G(x,t;x',t')\,d^3x'dt' = \int d^3x' \int \frac{\rho(x',t')}{4\pi\varepsilon|x-x'|}\delta\left[\frac{|x-x'|}{\nu}-(t-t')\right]dt' \tag{7-30}$$

利用 $\delta$ 函数的性质,可以求出对 $t'$ 的积分

$$u(x,t) = \int \frac{\rho\left(x', t-\frac{|x-x'|}{\nu}\right)}{4\pi\varepsilon|x-x'|}\,d^3x' \tag{7-31}$$

式(7-31)正是电动力学中著名的推迟势的公式,在经典的电磁场理论中,推迟势公式一般是利用场的叠加原理和物理分析的方法得出的,这里通过严格求解达朗贝尔方程得到。

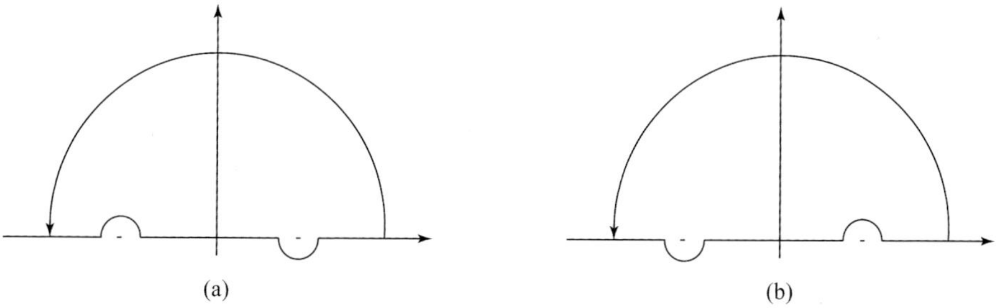



图 7-3　两种积分回路示意图

需要说明的是:式(7-31)的积分既可以是三重积分,也可以是曲线积分或曲面积分。为了不至于混淆以及后面运用方便,设电磁场三维空间中场点 $r=(x,y,z)$ 和源点 $r'=(x',y',z')$ ,则式(7-31)重写为

$$u(r,t) = \int \frac{\rho\left(r', t-\frac{|r-r'|}{\nu}\right)}{4\pi\varepsilon|r-r'|}\,dr'$$

其中,积分元素 $dr'=dx'dy'dz'$,也可以是面元素或线元素,要依源装置的形状而定。

对照标量位推迟势公式(7-31),可求得电磁场矢量位推迟势 $A(x,t)$ 的方程

$$\Delta A-\frac{1}{\nu^2}\frac{\partial^2 A}{\partial t^2}=-\mu_0 \mathrm{J}(x,t) \tag{7-32}$$

的格林函数为

$$G(x,t;x',t')=\frac{1}{4\pi}\frac{1}{|x-x'|}\delta\left[\frac{|x-x'|}{\nu}-(t-t')\right]$$

式(7-32)的解为

$$A(x,t)=\frac{\mu_0}{4\pi}\int\frac{\mathrm{J}\left(x',t-\frac{|x-x'|}{\nu}\right)}{|x-x'|}\mathrm{d}^3x' \tag{7-33}$$

同样,(7-33)表示为

$$A(r,t)=\frac{\mu_0}{4\pi}\int\frac{\mathrm{J}\left(r',t-\frac{|r-r'|}{\nu}\right)}{|r-r'|}\mathrm{d}r'$$

### 7.2.2 有源的热传导方程

$$\frac{\partial u}{\partial t}-a^2\Delta u=f(x,t) \tag{7-34}$$

的形式格林函数为

$$G(x,t;x',t')=\frac{-1}{(2\pi)^4}\int\frac{\mathrm{e}^{\mathrm{i}K\cdot(x-x')-\mathrm{i}K_0(t-t')}}{-\mathrm{i}K_0+K^2a^2}\mathrm{d}^3K\mathrm{d}K_0 \tag{7-35}$$

在 $K$ 空间上积分,选用图 7-1 所示球坐标系得

$$\begin{aligned}
G(x,t;x',t')&=\frac{-1}{(2\pi)^4}\int_{-\infty}^{\infty}\mathrm{d}K_0\int_0^{\infty}\left[\int_0^{2\pi}\int_0^{\pi}\frac{\mathrm{e}^{\mathrm{i}r|x-x'|\cos\theta}}{-\mathrm{i}K_0+r^2a^2}\cdot\mathrm{e}^{-\mathrm{i}K_0(t-t')}r^2\sin\theta\mathrm{d}\theta\mathrm{d}\omega\right]\mathrm{d}r\\
&=\frac{-1}{(2\pi)^4}\int_{-\infty}^{\infty}\mathrm{d}K_0\int_0^{\infty}\frac{\mathrm{e}^{-\mathrm{i}K_0(t-t')}}{-\mathrm{i}K_0+r^2a^2}r^2\left[\int_0^{2\pi}\int_0^{\pi}\mathrm{e}^{\mathrm{i}r|x-x'|\cos\theta}\cdot\sin\theta\mathrm{d}\theta\mathrm{d}\omega\right]\mathrm{d}r\\
&=\frac{1}{(2\pi)^3}\int_{-\infty}^{\infty}\mathrm{d}K_0\int_0^{\infty}\frac{\mathrm{e}^{-\mathrm{i}K_0(t-t')}}{-\mathrm{i}K_0+r^2a^2}r^2\left[\int_0^{\pi}\frac{\mathrm{e}^{\mathrm{i}r|x-x'|\cos\theta}}{\mathrm{i}r|x-x'|}\mathrm{d}\mathrm{i}r|x-x'|\cos\theta\right]\mathrm{d}r\\
&=\frac{1}{(2\pi)^3}\int_{-\infty}^{\infty}\mathrm{d}K_0\int_0^{\infty}\frac{\mathrm{e}^{-\mathrm{i}K_0(t-t')}}{-\mathrm{i}K_0+r^2a^2}r^2\left[\frac{\mathrm{e}^{\mathrm{i}r|x-x'|\cos\theta}}{\mathrm{i}r|x-x'|}\Bigg|_0^{\pi}\right]\mathrm{d}r\\
&=\frac{1}{(2\pi)^3}\cdot\frac{1}{\mathrm{i}|x-x'|}\int_{-\infty}^{\infty}\mathrm{d}K_0\int_0^{\infty}\left[\frac{r}{-\mathrm{i}K_0+r^2a^2}(\mathrm{e}^{-\mathrm{i}r|x-x'|}-\mathrm{e}^{\mathrm{i}r|x-x'|})\mathrm{e}^{-\mathrm{i}K_0(t-t')}\right]\mathrm{d}r
\end{aligned} \tag{7-36}$$

作变量代换 $r=-u$,则有

$$\int_0^{\infty}\frac{r}{-\mathrm{i}K_0+r^2a^2}\mathrm{e}^{-\mathrm{i}r|x-x'|}\mathrm{d}r=-\int_0^{-\infty}\frac{-u}{-\mathrm{i}K_0+u^2a^2}\mathrm{e}^{\mathrm{i}u|x-x'|}\mathrm{d}u=-\int_{-\infty}^{0}\frac{u}{-\mathrm{i}K_0+u^2a^2}\mathrm{e}^{\mathrm{i}u|x-x'|}\mathrm{d}u$$

所以

$$G(x,t;x',t') = \frac{-1}{(2\pi)^3} \cdot \frac{1}{\mathrm{i}|x-x'|} \int_{-\infty}^{\infty} \mathrm{d}K_0 \int_{-\infty}^{\infty} \frac{r}{-\mathrm{i}K_0 + r^2a^2} \mathrm{e}^{\mathrm{i}r|x-x'|} \mathrm{e}^{-\mathrm{i}K_0(t-t')} \mathrm{d}r$$
$$= \frac{-1}{(2\pi)^3} \cdot \frac{1}{\mathrm{i}|x-x'|} \int_{-\infty}^{\infty} \mathrm{e}^{-\mathrm{i}K_0(t-t')} \mathrm{d}K_0 \int_{-\infty}^{\infty} \frac{r}{-\mathrm{i}K_0 + r^2a^2} \mathrm{e}^{\mathrm{i}r|x-x'|} \mathrm{d}r \tag{7-37}$$

将式(7-37)中 $K_0$ 积分分成两部分：

$$G = (\text{Ⅰ}) + (\text{Ⅱ}) = \int_{-\infty}^{0} \mathrm{d}K_0 \int_{-\infty}^{\infty} \mathrm{d}r + \int_{0}^{\infty} \mathrm{d}K_0 \int_{-\infty}^{\infty} \mathrm{d}r$$

下面利用广义积分、复变函数中的约当引理和留数定理等计算这两个积分，对于

$$(\text{Ⅱ}) = \int_{0}^{\infty} \mathrm{d}K_0 \int_{-\infty}^{\infty} \mathrm{d}r$$
$$= \frac{-1}{(2\pi)^3} \cdot \frac{1}{\mathrm{i}|x-x'|} \cdot \frac{1}{a^2} \int_{0}^{\infty} \mathrm{e}^{-\mathrm{i}K_0(t-t')} \mathrm{d}K_0 \int_{-\infty}^{\infty} \frac{r}{-\mathrm{i}\dfrac{K_0}{a^2} + r^2} \mathrm{e}^{\mathrm{i}r|x-x'|} \mathrm{d}r$$

由于 $z = r\mathrm{e}^{\mathrm{i}\theta}$，$\sqrt[n]{z} = \sqrt[n]{r}\,\mathrm{e}^{\mathrm{i}\frac{\theta+2k\pi}{n}}(k=0,1,\cdots,n-1)$，$\mathrm{i} = 1 \cdot \left(\cos\dfrac{\pi}{2} + \mathrm{i}\sin\dfrac{\pi}{2}\right) = \mathrm{e}^{\mathrm{i}\frac{\pi}{2}}$，$\sqrt{\mathrm{i}} = 1 \cdot \mathrm{e}^{\mathrm{i}\frac{\frac{\pi}{2}+2k\pi}{2}}(k=0,1)$，故上半平面存在一阶极点 $\dfrac{\sqrt{K_0}}{a}\mathrm{e}^{\mathrm{i}\frac{\pi}{4}}$。

在上半平面存在一阶极点 $\dfrac{\sqrt{K_0}}{a}\mathrm{e}^{\mathrm{i}\frac{\pi}{4}}$，故利用约当引理，积分回路的选择如图 7-4 所示，利用留数定理求得

$$(\text{Ⅱ}) = \int_{0}^{\infty} \mathrm{d}K_0 \int_{-\infty}^{\infty} \mathrm{d}r$$
$$= \frac{-1}{(2\pi)^3} \cdot \frac{1}{\mathrm{i}|x-x'|} \cdot \frac{1}{a^2} \int_{0}^{\infty} \mathrm{e}^{-\mathrm{i}K_0(t-t')} \mathrm{d}K_0 \left[2\pi\mathrm{i} \cdot \frac{1}{2} \mathrm{e}^{\mathrm{i}\frac{\sqrt{K_0}}{a}\mathrm{e}^{\mathrm{i}\frac{\pi}{4}}|x-x'|}\right]$$
$$= \frac{1}{2} \frac{-1}{(2\pi a)^2} \cdot \frac{1}{|x-x'|} \cdot \int_{0}^{\infty} \mathrm{e}^{\mathrm{i}\frac{\sqrt{K_0}}{a}\mathrm{e}^{\mathrm{i}\frac{\pi}{4}}|x-x'|} \cdot \mathrm{e}^{-\mathrm{i}K_0(t-t')} \mathrm{d}K_0 \tag{7-38}$$

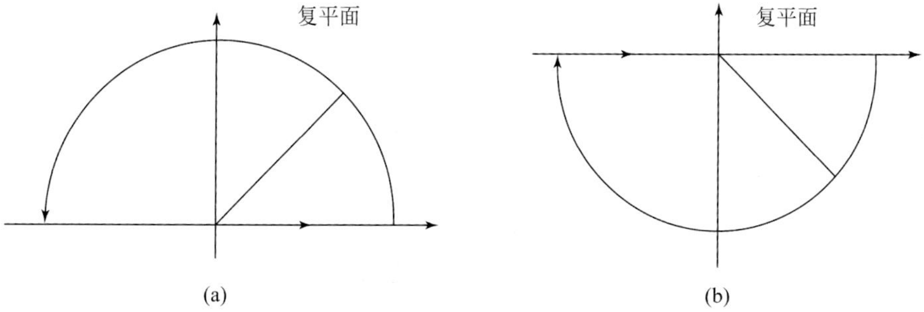


图 7-4　积分回路示意图

令 $b=-(t-t')\mathrm{i}, c=\frac{1}{a}\mathrm{e}^{\mathrm{i}\frac{\pi}{4}}|x-x'|\mathrm{i}$，代入式(7-38)得

$$\int_0^{\infty}\mathrm{e}^{\mathrm{i}\frac{\sqrt{K_0}}{a}\mathrm{e}^{\mathrm{i}\frac{\pi}{4}}|x-x'|}\cdot\mathrm{e}^{-\mathrm{i}K_0(t-t')}\mathrm{d}K_0=\int_0^{\infty}\mathrm{e}^{bK_0+c\sqrt{K_0}}\mathrm{d}K_0\overset{\sqrt{K_0}=x}{=}2\int_0^{\infty}x\mathrm{e}^{bx^2+cx}\mathrm{d}x$$

直接分部积分得

$$\begin{aligned}\int_0^{\infty}x\mathrm{e}^{bx^2+cx}\mathrm{d}x&=\frac{1}{2}\int_0^{\infty}\mathrm{e}^{cx}\mathrm{e}^{bx^2}\mathrm{d}x^2=\frac{1}{2b}\int_0^{\infty}\mathrm{e}^{cx}\mathrm{d}\mathrm{e}^{bx^2}\\&=\frac{1}{2b}\left[\mathrm{e}^{cx}\mathrm{e}^{bx^2}\Big|_0^{\infty}-\int_0^{\infty}\mathrm{e}^{bx^2}\mathrm{d}\mathrm{e}^{cx}\right]\\&=\frac{1}{2b}\left[\mathrm{e}^{cx+bx^2}\Big|_0^{\infty}-c\int_0^{\infty}\mathrm{e}^{bx^2+cx}\mathrm{d}x\right]\\&=\frac{1}{2b}\left[\lim_{T\to+\infty}\mathrm{e}^{cT+bT^2}-\mathrm{e}^0\right]-\frac{c}{2b}\int_0^{\infty}\mathrm{e}^{bx^2+cx}\mathrm{d}x\\&=\frac{-1}{2b}-\frac{c}{2b}\cdot\frac{1}{2}\sqrt{\frac{\pi}{-b}}\mathrm{e}^{-\frac{c^2}{2b}}\\&=-\frac{1}{2b}-\frac{c}{4b}\sqrt{\frac{\pi}{-b}}\mathrm{e}^{-\frac{c^2}{2b}}\end{aligned}$$

$$\left(\mathrm{e}^{cT+bT^2}=\mathrm{e}^{\frac{1}{a}\mathrm{e}^{\mathrm{i}\frac{\pi}{4}}|x-x'|\mathrm{i}T-(t-t')\mathrm{i}T^2}=\mathrm{e}^{\frac{1}{a}\left(-\sin\frac{\pi}{4}+\mathrm{i}\cos\frac{\pi}{4}\right)|x-x'|T-(t-t')\mathrm{i}T^2}\right.$$
$$\left.=\mathrm{e}^{-\frac{1}{a}\sin\frac{\pi}{4}|x-x'|T}\mathrm{e}^{\left[\frac{1}{a}\cos\frac{\pi}{4}|x-x'|T-(t-t')T^2\right]\mathrm{i}}\right)$$

代入式(7-38)中得

$$\begin{aligned}(\text{Ⅱ})=\int_0^{\infty}\mathrm{d}K_0\int_{-\infty}^{\infty}\mathrm{d}r&=\frac{1}{2}\frac{-1}{(2\pi a)^2}\cdot\frac{1}{|x-x'|}\cdot\int_0^{\infty}\mathrm{e}^{\mathrm{i}\frac{\sqrt{K_0}}{a}\mathrm{e}^{\mathrm{i}\frac{\pi}{4}}|x-x'|}\cdot\mathrm{e}^{-\mathrm{i}K_0(t-t')}\mathrm{d}K_0\\&=\frac{1}{2}\frac{-1}{(2\pi a)^2}\cdot\frac{1}{|x-x'|}\cdot2\int_0^{\infty}x\mathrm{e}^{bx^2+cx}\mathrm{d}x\\&=\frac{-1}{(2\pi a)^2}\cdot\frac{1}{|x-x'|}\left[-\frac{1}{2b}-\frac{c}{4b}\sqrt{\frac{\pi}{-b}}\mathrm{e}^{-\frac{c^2}{4b}}\right]\end{aligned}\tag{7-39}$$

把 $b=-(t-t')\mathrm{i}$ 和 $c=\frac{1}{a}\mathrm{e}^{\mathrm{i}\frac{\pi}{4}}|x-x'|\mathrm{i}$ 代入式(7-39)计算出

$$\frac{c^2}{4b}=\frac{\frac{1}{a^2}\mathrm{e}^{\mathrm{i}\frac{\pi}{2}}|x-x'|^2\mathrm{i}^2}{-4(t-t')\mathrm{i}}=\frac{|x-x'|^2}{4a^2(t-t')}\tag{7-40}$$

所以

$$\begin{aligned}\frac{-1}{(2\pi a)^2}\cdot\frac{1}{|x-x'|}\left[-\frac{c}{4b}\sqrt{\frac{\pi}{-b}}\mathrm{e}^{-\frac{c^2}{4b}}\right]&=\frac{1}{(2\pi a)^2}\cdot\frac{1}{|x-x'|}\frac{\frac{1}{a}\mathrm{e}^{\mathrm{i}\frac{\pi}{4}}|x-x'|\mathrm{i}}{-4(t-t')\mathrm{i}}\sqrt{\frac{\pi}{(t-t')\mathrm{i}}}\mathrm{e}^{-\frac{|x-x'|^2}{4a^2(t-t')}}\\&=\frac{1}{(2\pi a)^2}\frac{\frac{1}{a}\sqrt{\pi}}{-4(t-t')^{\frac{3}{2}}}\mathrm{e}^{-\frac{|x-x'|^2}{4a^2(t-t')}}\end{aligned}$$

$$= -\frac{1}{16a^3\sqrt{[\pi(t-t')]^3}}e^{-\frac{|x-x'|^2}{4a^2(t-t')}} \tag{7-41}$$

因此

$$(\text{Ⅱ}) = \int_0^{\infty}\mathrm{d}K_0\int_{-\infty}^{\infty}\mathrm{d}r = \frac{1}{2b}\frac{1}{(2\pi a)^2}\cdot\frac{1}{|x-x'|} - \frac{1}{16a^3\sqrt{[\pi(t-t')]^3}}e^{-\frac{|x-x'|^2}{4a^2(t-t')}}$$

类似计算

$$(\text{Ⅰ}) = \int_{-\infty}^{0}\mathrm{d}K_0\int_{-\infty}^{\infty}\mathrm{d}r = \frac{-1}{(2\pi)^3}\cdot\frac{1}{\mathrm{i}|x-x'|}\cdot\frac{1}{a^2}\int_{-\infty}^{0}e^{-\mathrm{i}K_0(t-t')}\mathrm{d}K_0\int_{-\infty}^{\infty}\frac{r}{-\mathrm{i}\frac{K_0}{a^2}+r^2}e^{\mathrm{i}r|x-x'|}\mathrm{d}r \tag{7-42}$$

其在下半平面($K_0<0$)存在一阶极点$\frac{\sqrt{|K_0|}}{a}e^{\mathrm{i}\frac{7\pi}{4}}$,积分回路的选择如图 7-4 所示,利用约当引理和留数定理求得

$$\begin{aligned}(\text{Ⅰ}) &= \int_{-\infty}^{0}\mathrm{d}K_0\int_{-\infty}^{\infty}\mathrm{d}r\\ &= \frac{-1}{(2\pi)^3}\cdot\frac{1}{\mathrm{i}|x-x'|}\cdot\frac{1}{a^2}\int_{-\infty}^{0}e^{-\mathrm{i}K_0(t-t')}\mathrm{d}K_0\left[(-2\pi\mathrm{i})\cdot\frac{1}{2}e^{\mathrm{i}\frac{\sqrt{|K_0|}}{a}e^{\mathrm{i}\frac{7\pi}{4}}|x-x'|}\right]\\ &= \frac{1}{2}\frac{1}{(2\pi a)^2}\cdot\frac{1}{|x-x'|}\cdot\int_{-\infty}^{0}e^{\mathrm{i}\frac{\sqrt{|K_0|}}{a}e^{\mathrm{i}\frac{7\pi}{4}}|x-x'|}\cdot e^{-\mathrm{i}K_0(t-t')}\mathrm{d}K_0\end{aligned} \tag{7-43}$$

令 $l=-(t-t')\mathrm{i}, m=\frac{1}{a}e^{\mathrm{i}\frac{7\pi}{4}}|x-x'|\mathrm{i}$,代入式(7-43)得

$$\begin{aligned}(\text{Ⅰ}) &= \int_{-\infty}^{0}\mathrm{d}K_0\int_{-\infty}^{\infty}\mathrm{d}r = \frac{1}{2}\frac{1}{(2\pi a)^2}\cdot\frac{1}{|x-x'|}\int_{-\infty}^{0}e^{lK_0+m\sqrt{|K_0|}}\mathrm{d}K_0\\ &\overset{\sqrt{|K_0|}=x}{=} -\frac{1}{(2\pi a)^2}\cdot\frac{1}{|x-x'|}\int_{-\infty}^{0}xe^{lx^2+mx}\mathrm{d}x - \frac{1}{(2\pi a)^2}\cdot\frac{1}{|x-x'|}\int_{-\infty}^{0}xe^{lx^2+mx}\mathrm{d}x\\ &= -\frac{1}{2}\cdot\frac{1}{(2\pi a)^2}\cdot\frac{1}{|x-x'|}\cdot\frac{1}{l}\int_{-\infty}^{0}e^{mx}e^{lx^2}\mathrm{d}lx^2\\ &= -\frac{1}{2}\cdot\frac{1}{(2\pi a)^2}\cdot\frac{1}{|x-x'|}\cdot\frac{1}{l}\int_{-\infty}^{0}e^{mx}\mathrm{d}e^{lx^2}\\ &= -\frac{1}{2}\cdot\frac{1}{(2\pi a)^2}\cdot\frac{1}{|x-x'|}\cdot\frac{1}{l}\left[e^{mx}e^{lx^2}\Big|_{-\infty}^{0} - m\int_{-\infty}^{0}e^{lx^2}e^{mx}\mathrm{d}x\right]\end{aligned} \tag{7-44}$$

$$\begin{aligned}&= -\frac{1}{2}\cdot\frac{1}{(2\pi a)^2}\cdot\frac{1}{|x-x'|}\cdot\frac{1}{l}\left[e^{0} - \lim_{T\to-\infty}e^{mT+lT^2} + m\int_{+\infty}^{0}e^{lx^2}e^{-mx}\mathrm{d}x\right]\\ &= -\frac{1}{2}\cdot\frac{1}{(2\pi a)^2}\cdot\frac{1}{|x-x'|}\cdot\frac{1}{l}\left[1 - \lim_{T\to-\infty}e^{mT+lT^2} - m\int_{0}^{+\infty}e^{lx^2-mx}\mathrm{d}x\right]\\ &= -\frac{1}{2}\cdot\frac{1}{(2\pi a)^2}\cdot\frac{1}{|x-x'|}\cdot\frac{1}{l}\left[1 - \frac{m}{2}\sqrt{\frac{\pi}{-l}}e^{-\frac{(-m)^2}{4l}}\right]\end{aligned} \tag{7-45}$$

把 $l=-(t-t')\mathrm{i}, m=\dfrac{1}{a}\mathrm{e}^{\mathrm{i}\frac{7\pi}{4}}|x-x'|\mathrm{i}$ 代入上式，经计算得

$$
\begin{aligned}
(\mathrm{I}) &= \int_{-\infty}^{0}\mathrm{d}K_0\int_{-\infty}^{\infty}\mathrm{d}r = -\frac{1}{2l}\cdot\frac{1}{(2\pi a)^2}\cdot\frac{1}{|x-x'|}+\frac{m}{4l}\cdot\frac{1}{(2\pi a)^2}\cdot\frac{1}{|x-x'|}\sqrt{\frac{\pi}{-l}}\mathrm{e}^{-\frac{m^2}{4l}} \\
&= -\frac{1}{2l}\cdot\frac{1}{(2\pi a)^2}\cdot\frac{1}{|x-x'|}-\frac{1}{16a^3\sqrt{[\pi(t-t')]^3}}\mathrm{e}^{-\frac{|x-x'|^2}{4a^2(t-t')}}
\end{aligned}
\tag{7-46}
$$

$$
\begin{aligned}
G(x,t;x',t') &= (\mathrm{I})+(\mathrm{II}) = -\frac{1}{8a^3\sqrt{[\pi(t-t')]^3}}\mathrm{e}^{-\frac{|x-x'|^2}{4a^2(t-t')}} \\
&= -\left(\frac{1}{2a\sqrt{\pi(t-t')}}\right)^3\mathrm{e}^{-\frac{|x-x'|^2}{4a^2(t-t')}}
\end{aligned}
\tag{7-47}
$$

因此，方程(7-34)的解为

$$
\begin{aligned}
u(x,t) &= -\int f(x',t')G(x,t;x',t')\mathrm{d}x'\mathrm{d}t' \\
&= \int_0^t\iiint_{R^3}f(x',\tau)\left(\frac{1}{2a\sqrt{\pi(t-\tau)}}\right)^3\mathrm{e}^{-\frac{|x-x'|^2}{4a^2(t-\tau)}}\mathrm{d}x'\mathrm{d}\tau
\end{aligned}
\tag{7-48}
$$

## 7.3　非线性方程求解

对有源和无源的均匀导电全空间和均匀无耗全空间的波动方程进行分析，均匀无耗全空间的波动方程为纯波动方程，较为常见，求解方法也较多；而对于有源均匀导电全空间，传统的方法是在准静态近似条件下进行扩散方程的求解，此时，忽略位移电流的影响，有源阻尼波动方程简化为扩散方程，方程的求解难度大大降低。随着甚早期瞬变电磁法的发展，位移电流的影响不能忽略不计，阻尼波动方程的直接时域求解变得很重要。

下面的讨论是依据含位移电流的波动方程的格林函数的求解。由于三维阻尼波动方程的直接时域求解难度较大，这里采用降维法，首先求解二维阻尼波动方程的格林函数，然后回代给三维方程(Weng,1995)。

线源属于二维点源，讨论二维问题中的点源和点源的冲激作用在导电介质中的响应。在导电介质中，由于电导率不为零引起传导电流，麦克斯韦方程中的两个旋度方程的形式为

$$\nabla\times\boldsymbol{E}(\boldsymbol{r},t)=-\frac{\partial\boldsymbol{B}}{\partial t}\tag{7-49}$$

$$\nabla\times\boldsymbol{H}(\boldsymbol{r},t)=\boldsymbol{J}_c+\frac{\partial\boldsymbol{D}}{\partial t}+\boldsymbol{J}_s\tag{7-50}$$

式中，$\boldsymbol{J}_c=\sigma\boldsymbol{E}$，$\boldsymbol{J}_s$ 表示外源电流。

对于无限长线电流，若把源置于与直角坐标系的 $z$ 轴重合，则电场只有 $E_z$ 分

量,它所满足的方程为

$$\nabla_s \times z\boldsymbol{E}_z(x,y,t) = -\mu \frac{\partial \boldsymbol{H}_s(x,y,t)}{\partial t} \tag{7-51}$$

$$\nabla_s \times \boldsymbol{H}_s(x,y,t) = z\left(\varepsilon \frac{\partial}{\partial t}E_z(x,y,t) + \sigma E_z(x,y,t) + J_s\right) \tag{7-52}$$

$\nabla_s \boldsymbol{H}_s$ 的下标 $s$ 表示横向分量,$\nabla_s = x\dfrac{\partial}{\partial x} + y\dfrac{\partial}{\partial y}$,从两式中消去 $\boldsymbol{H}_s$ 便可得到 $\boldsymbol{E}_z$ 所满足的方程

$$\nabla_s^2 E_z(x,y,t) - \frac{1}{v^2}\frac{\partial^2}{\partial t^2}E_z(x,y,t) - \mu\sigma\frac{1}{v^2}\frac{\partial}{\partial t}E_z(x,y,t) = \mu\frac{\partial J_s}{\partial t}$$

其中,$\nabla_s^2 = \dfrac{\partial^2}{\partial x^2} + \dfrac{\partial^2}{\partial y^2}$。

$J_s$ 随时间的变化为 $\delta(t)$,强度为$-1$,若把这种源的空间响应记为 $g$,则 $g$ 所满足的方程为

$$\nabla_s^2 g(x,y,t) - \frac{1}{v^2}\frac{\partial^2}{\partial t^2}g(x,y,t) - \frac{1}{v^2\tau}\frac{\partial}{\partial t}g = -\delta(x)\delta(y)\delta(t) \tag{7-53}$$

其中,$\tau = \varepsilon/\sigma$。

为了简化方程,进行如下的变换:

$$g(x,y,t) = \mathrm{e}^{-\frac{t}{2\tau}}\tilde{g}(x,y,t)$$

方程(7-53)变为

$$\left(\nabla_s^2 - \frac{1}{v^2}\frac{\partial^2}{\partial t^2} + \frac{1}{4v^2\tau^2}\right)\tilde{g}(x,y,t) = -\delta(x)\delta(y)\delta(t) \tag{7-54}$$

其中用到了 $\mathrm{e}^{\frac{t}{2\tau}}\delta(t) = (\mathrm{e}^{\frac{t}{2\tau}})_{t=0}\delta(t) = \delta(t)$。

令 $z = \mathrm{i}vt$,$k^2 = \dfrac{1}{4v^2\tau^2}$,得到

$$\left(\nabla_s^2 + \frac{\partial^2}{\partial z^2} + k^2\right)\tilde{g}(x,y,z) = -\delta(x)\delta(y)\delta(z) \tag{7-55}$$

此时的方程变为亥姆霍兹型的方程,它所对应的齐次方程的解众所周知。令

$$r = (x^2+y^2+z^2)^{1/2} = (\rho^2 - v^2t^2)^{1/2}$$

齐次方程的解可以写作

$$\begin{aligned}\tilde{g}(x,y,t) &= (A\mathrm{e}^{-\mathrm{i}kr} + B\mathrm{e}^{\mathrm{i}kr})/r \\ &= \left[A\mathrm{e}^{-\frac{\mathrm{i}}{2v\tau}\sqrt{\rho^2-v^2t^2}} + B\mathrm{e}^{\frac{\mathrm{i}}{2v\tau}\sqrt{\rho^2-v^2t^2}}\right]/\sqrt{\rho^2-v^2t^2}\end{aligned} \tag{7-56}$$

上式为时域方程的解,而这种解必须是实数,故上式的实部和虚部都是时域方程的解。若取上式的虚部,并取满足因果关系的时刻,当 $vt<\rho$ 时,令解为 0,便可以得到 $A=B$ 且都为纯实数,方程(7-54)的解为

$$\begin{cases} \tilde{g}(\rho,t)=0 \quad (vt<\rho) \\ \tilde{g}(\rho,t)=2A\dfrac{\cosh\left(\dfrac{1}{2v\tau}\sqrt{v^2t^2-\rho^2}\right)}{\sqrt{v^2t^2-\rho^2}} \quad (vt>\rho) \end{cases}$$

或者

$$\tilde{g}(\rho,t)=2Au(vt-\rho)\frac{\cosh\left(\dfrac{1}{2v\tau}\sqrt{v^2t^2-\rho^2}\right)}{\sqrt{v^2t^2-\rho^2}} \tag{7-57}$$

考虑 $\tau\to\infty$ 的特殊情况,上式变为

$$\tilde{g}(\rho,t)=2A\frac{u(vt-\rho)}{\sqrt{v^2t^2-\rho^2}} \tag{7-58}$$

方程(7-54)在极坐标系中变成下面的形式:

$$\left[\frac{1}{\rho}\frac{\partial}{\partial\rho}\left(\rho\frac{\partial}{\partial\rho}\right)-\frac{1}{v^2}\frac{\partial^2}{\partial t^2}\right]\tilde{g}(\rho,t)=-\frac{\partial(\rho)}{2\pi\rho}\delta(t) \tag{7-59}$$

将式(7-58)代入式(7-59)中,并比较方程两边的奇异性,可以确定

$$A=v/4\pi$$

将 $A$ 和 $\tilde{g}(\rho,t)$ 代回 $g$ 中,最终可以得到

$$g(x,y,t)=vu(vt-\rho)\mathrm{e}^{-\frac{t}{2\tau}}\frac{\cosh\left(\dfrac{1}{2v\tau}\sqrt{v^2t^2-\rho^2}\right)}{2\pi\sqrt{v^2t^2-\rho^2}} \tag{7-60}$$

与无耗情况的解比较,当电导率不为零时,波的传输性质产生很大的变化。

对于三维导电介质空间点源的脉冲作用,用波动方程表示为(Weng,1995)

$$\left(\nabla^2-\mu\varepsilon\frac{\partial^2}{\partial t^2}-\mu\sigma\frac{\partial}{\partial t}\right)g(x,y,z,t)=-\delta(x)\delta(y)\delta(z)\delta(t) \tag{7-61}$$

$$\nabla^2=\frac{\partial^2}{\partial x^2}+\frac{\partial^2}{\partial y^2}+\frac{\partial^2}{\partial z^2}$$

为了简化计算过程,令 $v=1/\sqrt{\mu\varepsilon}$, $\tau=\varepsilon/\sigma$,则上式变为

$$\left(\nabla^2-\frac{1}{v^2}\frac{\partial^2}{\partial t^2}-\frac{1}{v^2\tau}\frac{\partial}{\partial t}\right)g(x,y,z,t)=-\delta(x)\delta(y)\delta(z)\delta(t) \tag{7-62}$$

令

$$g(x,y,z,t)=\mathrm{e}^{\frac{-t}{2\tau}}\tilde{g}(x,y,z,t) \tag{7-63}$$

代入式(7-62),得

$$\left(\nabla^2-\frac{1}{v^2}\frac{\partial^2}{\partial t^2}+\frac{1}{4v^2\tau}\right)\tilde{g}(x,y,z,t)=-\delta(x)\delta(y)\delta(z)\delta(t) \tag{7-64}$$

为了简化计算的难度,作如下变换,将三维方程减维为二维方程:

$$\tilde{g}(x,y,z,t)=\frac{1}{2\pi}\int_{-\infty}^{\infty}\hat{g}(x,y,k_z,t)\mathrm{e}^{\mathrm{i}k_z z}\mathrm{d}k_z \tag{7-65}$$

利用关系

$$\delta(z)=\frac{1}{2\pi}\int_{-\infty}^{\infty}\mathrm{e}^{\mathrm{i}k_z z}\mathrm{d}k_z \tag{7-66}$$

将式(7-65)、式(7-66)代入式(7-64)中,得到

$$\left(\nabla_s^2-\frac{1}{v^2}\frac{\partial^2}{\partial t^2}+\frac{1}{4v^2\tau}-k_z^2\right)\hat{g}(x,y,k_z,t)=-\delta(x)\delta(y)\delta(t) \tag{7-67}$$

上面的方程已经类似于一个二维问题的方程,二维问题的方程的解为

$$\hat{g}(x,y,k_z,t)=\frac{A}{\sqrt{\rho^2-v^2t^2}}\mathrm{e}^{\mathrm{i}\sqrt{\left(\frac{1}{4v^2\tau^2}-k_z^2\right)(\rho^2-v^2t^2)}} \tag{7-68}$$

将上式代入三维空间,得到

$$\tilde{g}(x,y,z,t)=\frac{A}{2\pi\sqrt{\rho^2-v^2t^2}}\int_{-\infty}^{\infty}\mathrm{e}^{\mathrm{i}k_z z+\mathrm{i}\sqrt{\left(\frac{1}{4v^2\tau^2}-k_z^2\right)(\rho^2-v^2t^2)}}\mathrm{d}k_z$$

$$=\frac{A}{2\pi\mathrm{i}vt}\frac{\partial}{\partial vt}\int_{-\infty}^{\infty}\frac{\mathrm{e}^{\mathrm{i}k_z z+\mathrm{i}\sqrt{\frac{1}{4v^2\tau^2}-k_z^2}(\rho^2-v^2t^2)}}{\sqrt{\frac{1}{4v^2\tau^2}-k_z^2}}\mathrm{d}k_z \tag{7-69}$$

利用恒等式

$$\mathrm{H}_0^{(1)}(k\rho)=\frac{1}{\pi}\int_{-\infty}^{\infty}\frac{\mathrm{e}^{\mathrm{i}k_x x+\mathrm{i}k_y|y|}}{k_y}\mathrm{d}k_x$$

$\mathrm{H}_0^{(1)}$ 为零阶第一类汉克尔函数。把该恒等式代入式(7-69),即可得到

$$\tilde{g}(x,y,z,t)=-\frac{A}{2\pi\mathrm{i}vt}\frac{\partial}{\partial vt}\mathrm{H}_0^{(1)}\left(\frac{1}{2v\tau}\sqrt{v^2t^2-r^2}\right) \tag{7-70}$$

其中,$r=\sqrt{\rho^2+z^2}$,$\rho=\sqrt{x^2+y^2}$。

由微分方程理论可知,方程(7-64)的齐次解应该由两个独立解线性组合而成。式(7-70)仅是方程(7-64)的齐次解之一。由柱函数的性质可以判断,另一个线性独立的齐次解可以将式(7-70)中的汉克尔函数由贝塞尔函数代替而得到,因此方程(7-64)的通解可取如下形式:

$$\tilde{g}(x,y,z,t)=\frac{1}{vt}\frac{\partial}{\partial vt}\left[C\mathrm{H}_0^{(1)}\left(\frac{1}{2v\tau}\sqrt{v^2t^2-r^2}\right)+D\mathrm{I}_0\left(\frac{1}{2v\tau}\sqrt{v^2t^2-r^2}\right)\right] \tag{7-71}$$

其中,$\mathrm{I}_0$ 为变形贝塞尔函数。

由于方程(7-64)是时域方程,其解为实数,故式(7-71)的实部和虚部都应该是式(7-64)的解。取式(7-71)的虚部,为了满足因果律的要求,令其在 $vt<r$ 时为零。由此得到 $C=0$,$D$ 为纯实数。于是式(7-64)的实数解为

$$\tilde{g}(x,y,z,t)=\frac{1}{vt}\frac{\partial}{\partial vt}\begin{cases}0 & (vt<r)\\ D\mathrm{I}_0\left(\frac{1}{2v\tau}\sqrt{v^2t^2-r^2}\right) & (vt>r)\end{cases} \tag{7-72}$$

$$\tilde{g}(x,y,z,t)=\frac{1}{vt}\frac{\partial}{\partial vt}u(vt-r)D\mathrm{I}_0\left(\frac{1}{2v\tau}\sqrt{v^2t^2-r^2}\right) \tag{7-73}$$

为了确定待定系数 $D$,将上式代入式(7-64),并比较两边的奇异性而得到

$$D=\frac{v}{4\pi}$$

最终得到方程(7-62)的解

$$g(x,y,z,t)=\frac{\mathrm{e}^{-\frac{t}{2\tau}}}{4\pi t}\frac{\partial}{\partial vt}u(vt-r)\mathrm{I}_0\left(\frac{1}{2v\tau}\sqrt{v^2t^2-r^2}\right) \tag{7-74}$$

由于

$$\begin{aligned}
&\frac{\partial}{\partial vt}\left[u(vt-r)\mathrm{I}_0\left(\frac{1}{2v\tau}\sqrt{v^2t^2-r^2}\right)\right]\\
&=\frac{\partial}{\partial vt}u(vt-r)\cdot\mathrm{I}_0\left(\frac{1}{2v\tau}\sqrt{v^2t^2-r^2}\right)+\frac{\partial}{\partial vt}\left[\mathrm{I}_0\left(\frac{1}{2v\tau}\sqrt{v^2t^2-r^2}\right)\right]\cdot u(vt-r)\\
&=\delta(vt-r)\cdot\mathrm{I}_0\left(\frac{1}{2v\tau}\sqrt{v^2t^2-r^2}\right)+\mathrm{I}_1\left(\frac{1}{2v\tau}\sqrt{v^2t^2-r^2}\right)\cdot\frac{\partial}{\partial vt}\left(\frac{1}{2v\tau}\sqrt{v^2t^2-r^2}\right)\cdot u(vt-r)\\
&=\delta(vt-r)\cdot\mathrm{I}_0\left(\frac{1}{2v\tau}\sqrt{v^2t^2-r^2}\right)+\mathrm{I}_1\left(\frac{1}{2v\tau}\sqrt{v^2t^2-r^2}\right)\frac{1}{2\tau}\cdot\frac{t}{v}\frac{1}{\sqrt{t^2-r^2/v^2}}\cdot u(vt-r)
\end{aligned}$$

因此

$$\begin{aligned}
g(x,y,z,t)=&\frac{\mathrm{e}^{-\frac{t}{2\tau}}}{4\pi t}\delta(vt-r)\cdot\mathrm{I}_0\left(\frac{1}{2v\tau}\sqrt{v^2t^2-r^2}\right)\\
&+\frac{\mathrm{e}^{-\frac{t}{2\tau}}}{4\pi t}\mathrm{I}_1\left(\frac{1}{2v\tau}\sqrt{v^2t^2-r^2}\right)\frac{1}{2\tau}\cdot\frac{t}{v}\frac{1}{\sqrt{t^2-r^2/v^2}}\cdot u(vt-r)
\end{aligned} \tag{7-75}$$

令$\frac{1}{2\tau}=a,c=v$, $\mathrm{e}^{-\frac{t}{2\tau}}\mathrm{I}_0\left(\frac{1}{2v\tau}\sqrt{v^2t^2-r^2}\right)=\mathrm{e}^{-at}\mathrm{I}_0(a\sqrt{t^2-r^2/c^2})=\mathrm{e}^{-a(r/c)}$,代入上式,得

$$\begin{aligned}
g&=\frac{1}{4\pi r}\delta(t-r/c)\mathrm{e}^{-a(r/c)}+\frac{1}{4\pi r}\mathrm{I}_1(a\sqrt{t^2-r^2/c^2})a\cdot\frac{r}{c}\cdot\mathrm{e}^{-at}\frac{1}{\sqrt{t^2-r^2/c^2}}\cdot u(t-r/c)\\
&=\frac{1}{4\pi r}\left[\delta(t-r/c)\mathrm{e}^{-a(r/c)}+\mathrm{I}_1(a\sqrt{t^2-r^2/c^2})a\cdot\frac{r}{c}\cdot\mathrm{e}^{-at}\frac{1}{\sqrt{t^2-r^2/c^2}}\cdot u(t-r/c)\right]
\end{aligned} \tag{7-76}$$

等号右侧第一项只在信号到达的瞬间不等于0,在绝缘介质中,第二项为零,只由第一项来决定。该式就是三维有耗空间的脉冲源的响应,即有耗空间的时域格林函数。

# 7.4　点电荷微元的直接时域电磁场

## 7.4.1　全空间有源场的直接时域求解

在得到不同方程对应的格林函数之后，将格林函数直接代回电、磁场解满足的方程形式。

1）全空间有源波动场的直接时域解析公式

电场和磁场强度的格林函数解

$$
\begin{aligned}
E(\boldsymbol{x},t) &= -\int\left[\mu\frac{\partial \boldsymbol{J}_0}{\partial t'}+\nabla\left(\frac{\rho_0}{\varepsilon}\right)\right]G(\boldsymbol{x},t;\boldsymbol{x}',t')\,\mathrm{d}^3\boldsymbol{x}'\mathrm{d}t' \\
&= -\int \mathrm{d}^3\boldsymbol{x}'\int\frac{\mu\dfrac{\partial \boldsymbol{J}_0}{\partial t'}+\nabla\left(\dfrac{\rho_0}{\varepsilon}\right)}{4\pi|\boldsymbol{x}-\boldsymbol{x}'|}\delta\left[\frac{|\boldsymbol{x}-\boldsymbol{x}'|}{\nu}-(t-t')\right]\mathrm{d}t' \\
&= -\frac{1}{4\pi}\int_\Omega\frac{\mu\dfrac{\partial \boldsymbol{J}_0\left(\boldsymbol{x}',t-\dfrac{|\boldsymbol{x}-\boldsymbol{x}'|}{\nu}\right)}{\partial t'}+\nabla\dfrac{\rho_0\left(\boldsymbol{x}',t-\dfrac{|\boldsymbol{x}-\boldsymbol{x}'|}{\nu}\right)}{\varepsilon}}{|\boldsymbol{x}-\boldsymbol{x}'|}\mathrm{d}^3\boldsymbol{x}' \quad (7\text{-}77)
\end{aligned}
$$

$$
\begin{aligned}
H(\boldsymbol{x},t) &= -\int(-\nabla\times \boldsymbol{J}_0)G(\boldsymbol{x},t;\boldsymbol{x}',t')\,\mathrm{d}^3\boldsymbol{x}'\mathrm{d}t' \\
&= \frac{1}{4\pi}\int_\Omega\frac{\nabla\times \boldsymbol{J}_0\left(\boldsymbol{x}',t-\dfrac{|\boldsymbol{x}-\boldsymbol{x}'|}{\nu}\right)}{|\boldsymbol{x}-\boldsymbol{x}'|}\mathrm{d}^3\boldsymbol{x}' \qquad (7\text{-}78)
\end{aligned}
$$

式(7-77)和式(7-78)就是导电全空间波动电磁场的时域响应解析式，其中 $\boldsymbol{J}_0=(J_{0x},J_{0y},J_{0z})$ 为电流源矢量，$\boldsymbol{x}'=(x',y',z')$ 为源点，$\boldsymbol{x}=(x,y,z)$ 为场点，$\Omega$ 为源所在的区域，这里的积分既可以是重积分，也可以是曲线积分或曲面积分，具体根据分布源装置的形状而定（下面遇到的积分均与此相同）。

2）全空间有源扩散场的直接时域解析公式

将源项代入，得到电场和磁场强度的格林函数解：

$$
\begin{aligned}
E(\boldsymbol{x},t) &= \frac{1}{\sigma\mu}\int\left[\mu\frac{\partial \boldsymbol{J}_0}{\partial t}+\nabla\left(\frac{\rho_0}{\varepsilon}\right)\right]G(\boldsymbol{x},t;\boldsymbol{x}',t')\,\mathrm{d}^3\boldsymbol{x}'\mathrm{d}t' \\
&= -\frac{1}{\sigma\mu}\int_\Omega \mathrm{d}^3\boldsymbol{x}'\int_0^t\left(\mu\frac{\partial \boldsymbol{J}_0}{\partial t}+\nabla\left(\frac{\rho_0}{\varepsilon}\right)\right)\left(\frac{\sqrt{\sigma\mu}}{2\sqrt{\pi(t-t')}}\right)^3\mathrm{e}^{-\frac{\sigma\mu|\boldsymbol{x}-\boldsymbol{x}'|^2}{4(t-t')}}\mathrm{d}t' \quad (7\text{-}79)
\end{aligned}
$$

$$
\begin{aligned}
H(\boldsymbol{x},t) &= -\frac{1}{\sigma\mu}\int(\nabla\times \boldsymbol{J}_0)G(\boldsymbol{x},t;\boldsymbol{x}',t')\,\mathrm{d}^3\boldsymbol{x}'\mathrm{d}t' \\
&= \frac{1}{\sigma\mu}\int_\Omega \mathrm{d}^3\boldsymbol{x}'\int_0^t(\nabla\times \boldsymbol{J}_0)\left(\frac{\sqrt{\sigma\mu}}{2\sqrt{\pi(t-t')}}\right)^3\mathrm{e}^{-\frac{\sigma\mu|\boldsymbol{x}-\boldsymbol{x}'|^2}{4(t-t')}}\mathrm{d}t' \qquad (7\text{-}80)
\end{aligned}
$$

式(7-79)和式(7-80)就是导电全空间扩散电磁场的时域响应解析式。

### 7.4.2 基于辅助位函数的全空间有源阻尼波动方程的时域解析式

上面的计算方式是将源项和格林函数解代入电磁场的积分表达式,直接给出电磁场解的积分表达式,在有源波动方程或扩散方程的表达式中,源是电流密度的微分形式和电荷密度的梯度形式。因此,方程的求解难度较大,无法直接求出电磁场直接时域解。

经典的电磁法及稳定电流场中,往往引入辅助位函数,如稳定电流场中的标量位,电磁法中的矢量位、标量位、赫兹位及谢昆诺夫位等。类似的处理方式将用于点电荷载流微元瞬变电磁直接时域解的求解过程中。

为了便于求解,往往引入矢量位函数 $\boldsymbol{F}$,矢量位函数满足

$$\nabla^2\boldsymbol{F}-\mu\sigma\frac{\partial\boldsymbol{F}}{\partial t}-\mu\varepsilon\frac{\partial^2\boldsymbol{F}}{\partial t^2}=0$$

在各向同性均匀导电介质中,有源矢量位函数满足非齐次阻尼波动方程

$$\nabla^2\boldsymbol{F}-\mu\sigma\frac{\partial\boldsymbol{F}}{\partial t}-\mu\varepsilon\frac{\partial^2\boldsymbol{F}}{\partial t^2}=Q(x,y,z,t) \tag{7-81}$$

如果能够求得格林函数 $G(x,y,z,t)$,上式的解可以通过

$$\boldsymbol{F}=\int_0^t\int_v G(x,y,z,t)Q(x,y,z,t)\,\mathrm{d}x\mathrm{d}y\mathrm{d}z\mathrm{d}t \tag{7-82}$$

得到。

将式(7-66)代入式(7-82),得到有源阻尼波动方程的矢量位函数表达式

$$\begin{aligned}\boldsymbol{F}=&\int_0^t\int_v\frac{1}{4\pi r}\Big[\delta(t-r/c)\mathrm{e}^{-\alpha(r/c)}+\mathrm{I}_1(\alpha\sqrt{t^2-r^2/c^2})\alpha\cdot\frac{r}{c}\\&\cdot\mathrm{e}^{-\alpha t}\frac{1}{\sqrt{t^2-r^2/c^2}}\cdot u(t-r/c)\Big]Q(x,y,z,t)\,\mathrm{d}x\mathrm{d}y\mathrm{d}z\mathrm{d}t\end{aligned} \tag{7-83}$$

虽然点电荷微元可以具有任意方向的磁矩,但在实际应用中,点源是组成实际场源的一部分,根据实际需要,给定点源的方向是必要的,也可以简化求解过程。

假定点电荷源具有单一方向矢量位 $\boldsymbol{F}_z$,那么根据电场与矢量位函数之间的对应关系

$$\boldsymbol{E}=\nabla\times\boldsymbol{F}_z$$

得到

$$E_\varphi=\nabla_\varphi\times\boldsymbol{F}=\frac{1}{r}\left[\frac{\partial}{\partial r}(r\boldsymbol{F}_\theta)-\frac{\partial\boldsymbol{F}_r}{\partial\theta}\right] \tag{7-84}$$

建立起笛卡儿坐标系$(x,y,z)$与球坐标系$(r,\theta,\varphi)$之间的对应关系

$$\boldsymbol{F}_r=\boldsymbol{F}_z\cos\theta$$

$$\boldsymbol{F}_{\theta}=-\boldsymbol{F}_{z}\sin\theta$$

代入式(7-84)，得到

$$E_{\varphi}=-\frac{\partial \boldsymbol{F}_{z}}{\partial r}\sin\theta$$

根据 $\boldsymbol{F}$ 位函数的表达式，只有在 $t=r/c$ 时，脉冲函数 $\delta(t-r/c)$ 不为零，只有当 $t>r/c$ 时，阶跃函数 $u(t-r/c)$ 才具有数值，因此，在求解上式的过程中，可以将求解的过程分成两部分进行：

(1) $E_{\varphi 1}=\int_{0}^{t}\int_{v}\frac{1}{4\pi r}\delta(t-r/c)\mathrm{e}^{-\alpha(r/c)}Q(x,y,z,t)\mathrm{d}x\mathrm{d}y\mathrm{d}z\mathrm{d}t \quad (t=r/c)$

经过推导，得到

$$E_{\varphi 1}=\int_{V}\frac{1}{4\pi r^{2}}\left[\left(1+\frac{\alpha r}{c}\right)\delta(t-r/c)+\frac{r}{c}\delta'(t-r/c)\right]\mathrm{e}^{-\alpha(r/c)}Q(x,y,z)\mathrm{d}x\mathrm{d}y\mathrm{d}z \quad (t=r/c) \tag{7-85}$$

(2) $E_{\varphi 2}=\int_{0}^{t}\int_{v}\frac{1}{4\pi r}\mathrm{I}_{1}(\alpha\sqrt{t^{2}-r^{2}/c^{2}})\alpha\cdot\frac{r}{c}\cdot\mathrm{e}^{-\alpha t}\frac{1}{\sqrt{t^{2}-r^{2}/c^{2}}}$

$\cdot u(t-r/c)Q(x,y,z,t)\mathrm{d}x\mathrm{d}y\mathrm{d}z\mathrm{d}t \quad (t>r/c)$

根据修正贝塞尔函数的微分公式

$$\mathrm{I}_{1}'=\frac{1}{2}(\mathrm{I}_{0}+\mathrm{I}_{2})$$

及

$$\mathrm{I}_{n+1}(x)=-\frac{2n}{x}\mathrm{I}_{n}(x)+\mathrm{I}_{n-1}(x) \quad (n=1,2,3,\cdots)$$

得到

$$E_{\varphi 2}=\int_{V}\frac{1}{4\pi r^{2}}\alpha^{2}\cdot\frac{r^{3}}{c^{3}}\cdot\mathrm{e}^{-\alpha t}\frac{\mathrm{I}_{2}(\alpha\sqrt{t^{2}-r^{2}/c^{2}})}{t^{2}-r^{2}/c^{2}}Q(x,y,z)\mathrm{d}x\mathrm{d}y\mathrm{d}z \quad (t>r/c) \tag{7-86}$$

其中，源项 $Q(x,y,z,t)$ 为电流密度 $J_{s}$。

## 7.5 小　结

通过相对坐标系之间的运动取代电荷运动，得到匀速运动激发的速度场，也称为自有场。利用李纳德–维谢尔势推出加速运动电荷激发的电场包括速度场和加速度场。通过加速运动电荷激发的场推导电偶极子激发的辐射场、近区场公式，得到了传统的偶极子场一致的结果。

利用直接时域位函数推导电偶极子近似前的元天线阶跃电流源瞬变电场的解析表达式，计算元天线瞬变场、电偶极子时域场、加速运动电荷激发场。通过对比，认为三种形式源激发的场在收发距较大时数值相当,当收发距减小,电偶极子条件不再满足时,加速运动电荷激发场响应仍然和实际元天线激发瞬变场响应相同,说明加速运动电荷更加符合实际情况,偶极子源近似对于天线理论中远区辐射场的计算公式进行了简化,计算结果没有问题。但是对于常在近源区进行观测的瞬变电磁方法,偶极子近似在近源区会带来较大的计算误差。作为电偶极子源的有效组成部分,电荷加速运动可以很好地解释实际源天线在近源产生的场的分布,更加根本,更加准确。

进一步给出了全空间二阶线性有源非齐次方程求解的格林函数法求解过程,利用约当引理和留数定理给出了电磁场中常见的达朗贝尔方程和扩散方程的格林函数解。对于有耗阻尼波动方程,本章利用降维法给出方程的格林函数解。在格林函数解的基础上,通过将格林函数直接代入电磁场表达式和引入辅助位函数两种方式推导出点电荷载流微元电、磁场的直接时域解。

# 第 8 章　大尺度源瞬变电磁场的直接时域解

前面介绍了点电荷载流微元直接时域求解的方法,给出了全空间时变点电荷源的直接时间域的电磁响应表达式。由于比拟法得到的波动场直接时域格林函数公式与经过严格数学推导所得出的精确解析解公式具有相似的形式。所以,以下将选定扩散方程进行计算,并与 Nabighian 或 Kaufman 和 Keller 的近似计算结果进行对比,以说明文中结果的正确性。当点电荷载流微元的瞬变电磁场给定之后,不同形式发射源在任意点产生的电磁场可以通过点电荷载流微元的场积分得到,与经典电磁学中已有的结论进行对比分析。

## 8.1　点电荷直接时域解对比

### 8.1.1　格林函数解的对比

经拉普拉斯逆变换和类比法,Nabighian(1991)给出似稳态情形下扩散场直接时域格林函数的近似公式

$$g(r,t)=\frac{(\mu\sigma)^{\frac{1}{2}}}{8\pi^{\frac{3}{2}}t^{\frac{3}{2}}}\mathrm{e}^{-\mu\sigma r^2/4t}u(t) \tag{8-1}$$

式中,$g(r,t)$表示扩散场时域格林函数响应。

分别对格林函数精确表达式(7-76)和似稳态情形下近似表达式(8-1)进行计算,并画出响应值随时间或偏移距的变化曲线。

图 8-1 给出了电导率为 0.0001S/m 的全空间中,距源 100m 处 $G(\boldsymbol{x},t;0,0)$ 随时间的变化曲线。图中虚线表示根据式(8-1)的近似计算结果,实线表示根据式(7-76)的精确计算结果。对比两种公式的计算结果曲线,可以明显看出两种曲线在早期差别较大,忽略位移电流引起较大的差别;随着时间的增大,曲线趋于一致,基本吻合。

图 8-2 给出了电导率为 0.0001S/m 的全空间中,时间 $t=0.001$ms 时格林函数精确表达式(7-76)和似稳态情形下近似表达式(8-1)随偏移距的变化曲线。图中实线表示根据式(7-76)的计算结果,虚线表示根据式(8-1)的计算结果。容易看出在近区和中区存在误差,在远区两曲线基本吻合。从而验证了远场区情况下,在点电荷假设下,直接时域格林函数精确解析解与格林函数近似解是一致的,而在中区和近区存在明显误差,说明我们推导出来的格林函数精确解具有较高的精度。

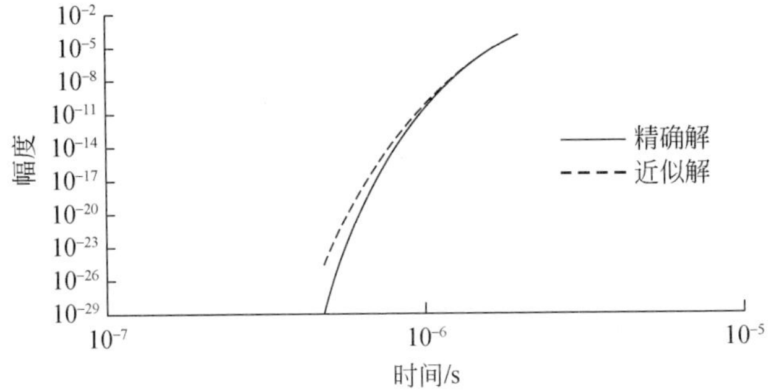


图 8-1　格林函数关于时间的变化曲线

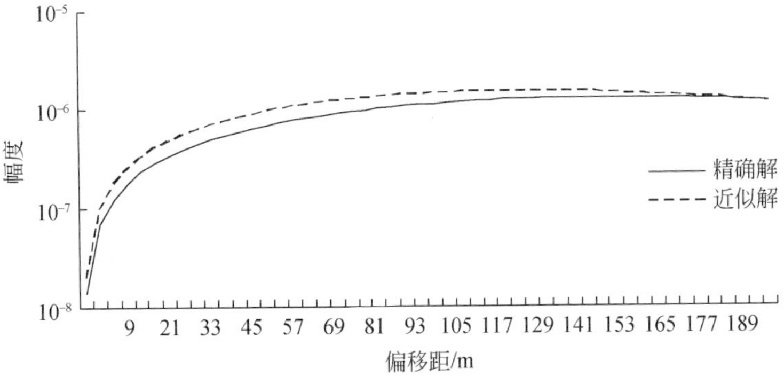


图 8-2　格林函数关于偏移距的变化曲线

### 8.1.2　电磁场的对比

Kaufman 和 Keller(1983)给出了准静态情形下偶极子源电场分量的表达式

$$E_\varphi = \sqrt{\frac{2}{\pi}}\frac{M\rho}{4\pi r^4}u^5 e^{-(u^2/2)}\sin\theta \tag{8-2}$$

其中，$u=\frac{\sqrt{\mu_0\sigma}\,r}{\sqrt{2t}}$。

令 $\sigma=0.0001\mathrm{S/m}$，$\varepsilon=\varepsilon_0=8.85\times10^{-12}\mathrm{F/m}$，$M=1$，分别使用直接时域精确解公式(7-86)和准静态近似解(8-2)计算电场分量，并给出电场随时间或偏移距的变化规律。

图 8-3 给出了电导率为 0.0001S/m 的全空间中，距源 100m 处电场随时间的变化曲线。图中虚线表示根据式(8-2)的近似计算结果，实线表示根据式(7-86)的精确计算结果。对比两种公式的计算结果曲线，可以明显看出两种曲线在早期差别

较大,忽略位移电流引起较大的差别;随着时间的增大,曲线趋于一致,基本吻合。

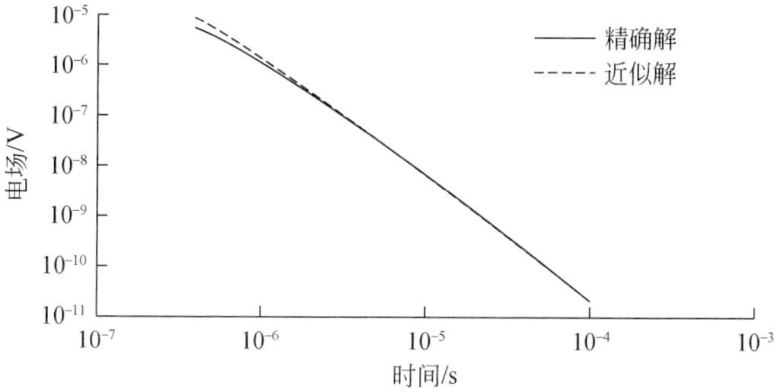


图 8-3　电场随时间变化的曲线($r=100$m)

图 8-4 给出了电导率为 0.0001S/m 的全空间中,时间 $t=0.001$ms 时电场精确表达式(7-86)和似稳态情形下近似表达式(8-2)随距离变化曲线。图中实线表示根据式(7-86)的计算结果,虚线表示根据式(8-2)的计算结果。容易看出,在近区和中区存在较大的误差,在远区两曲线基本吻合。从而验证了远场区情况下,在点电荷假设下直接时域电场精确解析解与传统准静态近似解是一致的,而在中区和近区存在明显误差,说明我们推导出来的电场精确解具有较高的精度。

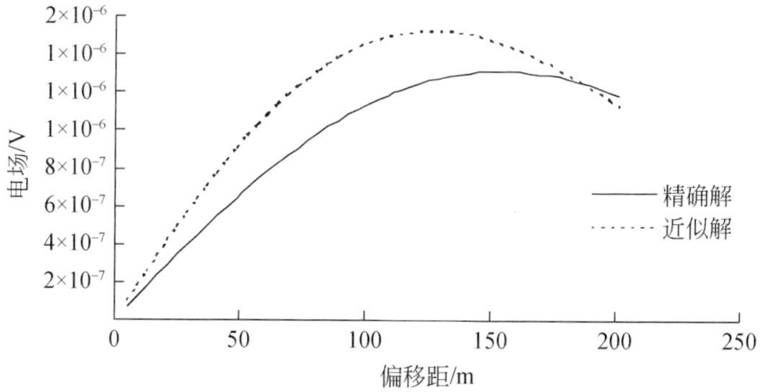


图 8-4　电场随偏移距的变化曲线

## 8.2　圆回线一次场

圆回线是瞬变电磁勘查领域中研究最多的回线源装置。通过点电荷载流微元纯波动方程的解可以进一步推导圆回线源的一次场。假定点电荷微元在地表激发、地表接收的矢量位分量具有方位角分量

$$A_\varphi = \frac{\mu}{4\pi}\frac{\int J\mathrm{d}V}{r^2}\sin\theta \tag{8-3}$$

由下面的计算公式

$$B = \nabla\times A$$

$$B = \mu H$$

得到

$$\begin{cases} H_R = \dfrac{1}{\mu}(\nabla\times A)_R = \dfrac{1}{\mu}\cdot\dfrac{1}{r^2\sin\theta}\left[-\dfrac{\partial}{\partial\varphi}(rA_\theta)+\dfrac{\partial}{\partial\theta}(r\sin\theta A_\varphi)\right] \\ H_\theta = \dfrac{1}{\mu}(\nabla\times A)_\theta = \dfrac{1}{\mu}\cdot\dfrac{r}{r^2\sin\theta}\left[\dfrac{\partial}{\partial\varphi}(A_r)-\dfrac{\partial}{\partial r}(r\sin\theta A_\varphi)\right] \\ E_\varphi = \dfrac{1}{\varepsilon}\int(\nabla\times H)_\varphi\mathrm{d}t = \dfrac{1}{\varepsilon}\int\left[\dfrac{R\sin\theta}{R^2\sin\theta}\left(\dfrac{\partial(RH_\theta)}{\partial R}-\dfrac{\partial(H_R)}{\partial\theta}\right)\right]\mathrm{d}t \end{cases} \tag{8-4}$$

最终得到

$$E_\varphi = \frac{\mu\int_V \bar{J}\mathrm{d}V}{4\pi}\frac{1}{r^2} \tag{8-5}$$

对于大回线源装置，为了推导我们需要的表达式，使用互易性原理，利用位于同一平面的具有相同电流的点电荷载流微元的电磁场解来推导圆回线源辐射场的表达式，如图 8-5 所示，$(x,y)$ 表示观测点坐标，$(x',y')$ 表示位于圆形发射源上的发射点坐标。

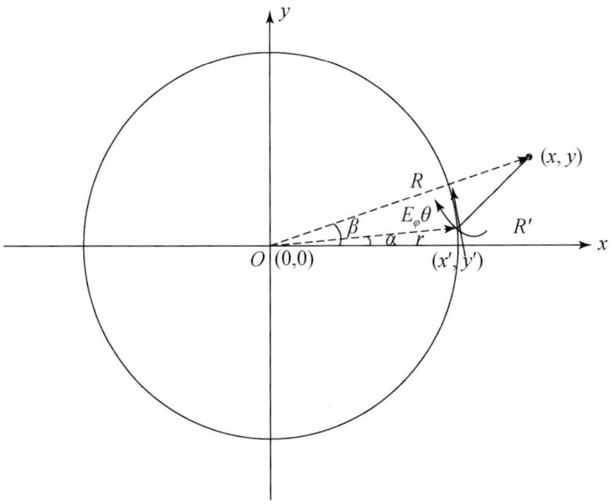


图 8-5　直角坐标系下圆回线与点电荷载流微元示意图

平行于圆回线切线的电场分量表达式为 $E_{\varphi}\cos\theta$，沿圆回线进行积分最终得到回线感应电压 $V'$ 的表达式。根据互易性原理，具有相同电流的点电荷载流微元将会产生同样大小的感应电压，即改变圆回线和点电荷载流微元的位置及激发与接收的关系可以得到相同的感应电压。

$$V' = \int_0^{2\pi} \frac{\mu}{4\pi}\int_V \bar{J}\mathrm{d}V \frac{1}{R'^2}\cos\theta\mathrm{d}\alpha \tag{8-6}$$

建立起 $\theta$ 与 $\alpha$ 之间的数据关系，用 $\alpha$ 来表示 $\theta$：

$$R' = \sqrt{R^2+r^2+2Rr\cos(\alpha-\beta)}$$

$$\cos(\alpha-\beta) = \cos\alpha\cos\beta+\sin\alpha\sin\beta = \cos\alpha\,\frac{x}{R}+\sin\alpha\,\frac{y}{R}$$

$$R' = \sqrt{R^2+r^2+2r(x\cos\alpha+y\sin\alpha)}$$

由图 8-5 中的几何关系，可得

$$\cos\theta = \frac{R\cos(\alpha-\beta)-r}{R'} = \frac{x\cos\alpha+y\sin\alpha-r}{\sqrt{R^2+r^2+2r(x\cos\alpha+y\sin\alpha)}} \tag{8-7}$$

最终得到 $V'$ 的表达式为

$$V' = \int_0^{2\pi} \frac{\mu}{4\pi}\int_V \bar{J}\mathrm{d}V \frac{x\cos\alpha + y\sin\alpha - r}{(R^2 + r^2 + 2r(x\cos\alpha + y\sin\alpha))^{3/2}}\mathrm{d}\alpha \tag{8-8}$$

根据感应电压 $V'$ 与垂直磁场之间的关系

$$V' = -S\mu\,\frac{\partial Hz}{\partial t}$$

及源的阶跃关断的性质，可得

$$Hz = V'/(S\mu) \tag{8-9}$$

$S$ 表示与点电荷载流微元的尺寸有关的项，有

$$\int_V \bar{J}\mathrm{d}V = IS$$

将式(8-8)和上式代入式(8-9)中，最终得到大回线在观测点处的垂直磁场

$$H_z = -\frac{I}{4\pi}\int_0^{2\pi} \frac{x\cos\alpha + y\sin\alpha - r}{(R^2 + r^2 + 2r(x\cos\alpha + y\sin\alpha))^{3/2}}\mathrm{d}\alpha \tag{8-10}$$

为了对推导结果进行验证，我们从两种特殊情况来分析该结论的有效性：

(1) 发射回线的中心点。

圆回线中心点激发的垂直磁场为

$$H_z = \frac{I}{d} \tag{8-11}$$

其中,$d$ 表示圆回线的直径。

分别使用式(8-10)和式(8-11) 计算圆回线中心点垂直磁场,选取的参数为电流 10A,圆回线的直径 $d$ 为 400m,计算结果如表 8-1 所示。

**表 8-1　圆回线中心点垂直磁场计算结果**

| | 圆回线公式/(A/m) | 新推导公式/(A/m) | 相对误差/% |
|---|---|---|---|
| 垂直磁场 | 0.025 | 0.025 | 0 |

由表 8-1 可见,根据推导公式计算的垂直磁场与圆回线公式的计算结果之间的相对误差为 0,说明由点电荷载流微元场推导的大回线公式是正确的。

(2)收发距远大于源尺寸。

当激发源与观测点之间的距离远大于源自身的尺寸时,可以将源看作磁偶极子,利用式(8-10)计算收发距很大时的垂直磁场,并与使用垂直磁偶极子的垂直磁场公式的计算结果进行对比,分析式(8-10)的正确性。

垂直磁偶源在地表激发、地表接收的垂直磁场公式为

$$H_z=\frac{M}{4\pi R^3}(3\cos^2\theta-1) \tag{8-12}$$

在地表观测时,$\theta=90°$

$$H_z=-\frac{M}{4\pi R^3} \tag{8-13}$$

式中,$R=\sqrt{x^2+y^2}$,$(x,y)$为以发射矩形回线源中心为坐标原点的坐标系中的观测点坐标。

选用和表 8-1 中相同的计算参数,观测点坐标$(x,y)$为(2000,2000),计算结果如表 8-2 所示。

**表 8-2　收发距远大于源尺寸时垂直磁场计算结果**

| | 磁偶极子公式/(A/m) | 新推导公式/(A/m) | 相对误差/% |
|---|---|---|---|
| 垂直磁场 | $-1.4067\times10^{-6}$ | $-1.4094\times10^{-6}$ | $1.8787\times10^{-1}$ |

由表 8-2 可见,使用点电荷载流微元辐射场推导的矩形回线辐射源垂直磁场与磁偶极源的垂直磁场相对误差很小,证明了式(8-10)的有效性。

由于圆回线场的分布具有轴向对称的性质,因此我们可以选取任一过圆心的中轴线作为研究对象。图 8-6 为中轴上场的变化曲线。回线内场的分布呈现由中心向边框逐渐增大,在边框处出现奇异,离开边框后,随着偏移距的增大,场响应呈现指数衰减,并在无穷远处趋于零。

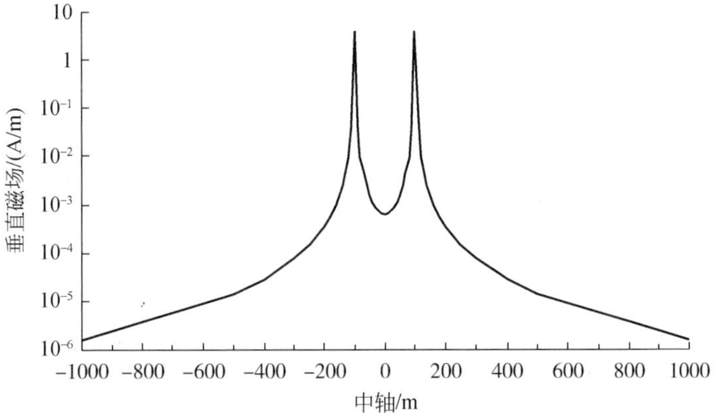


图8-6　圆回线中轴线上垂直磁场变化曲线

## 8.3　回线源感生电动势的直接时域解

对于回线源装置，为了推导我们需要的表达式，使用互易性原理，利用具有相同电流的点电荷微元的电磁场解来推导回线源场的表达式，如图8-7所示，$R^2=x^2+y^2$，$R$表示坐标原点到观测点的距离，$a$，$b$分别表示矩形的长和宽，$(x,y)$表示观测点坐标，$(x',y')$表示位于回线发射源上的发射点坐标。

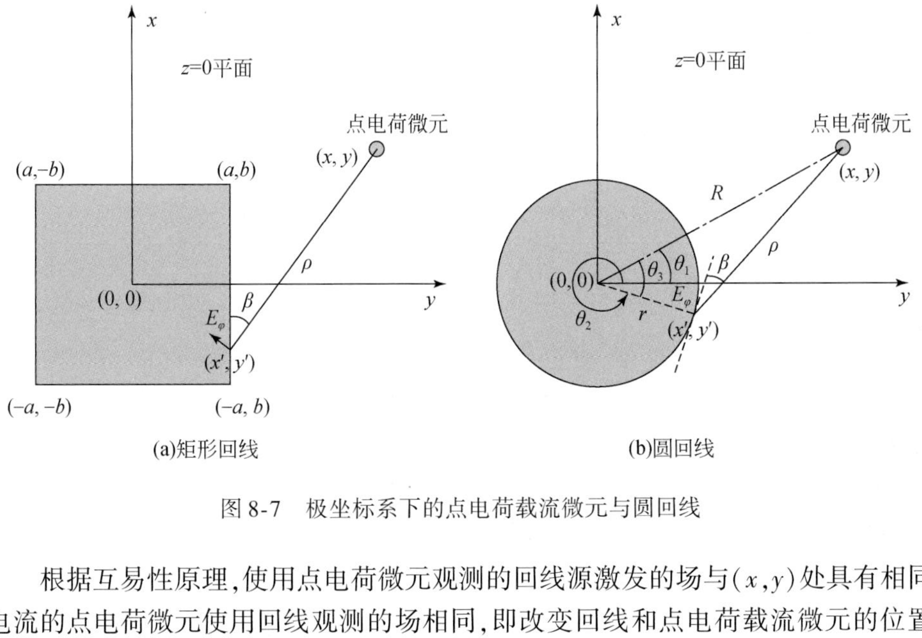


图8-7　极坐标系下的点电荷载流微元与圆回线

根据互易性原理，使用点电荷微元观测的回线源激发的场与$(x,y)$处具有相同电流的点电荷微元使用回线观测的场相同，即改变回线和点电荷载流微元的位置及激发与接收的关系可以得到相同的感生电动势。点电荷微元在回线上产生的感生电动势可以通过点电荷微元在回线处产生的电场切向分量 $E_\varphi$ 沿矩形回线边框积分得到。

对于回线源,沿回线进行线积分最终得到回线产生的感生电动势 $\varepsilon_{rec}$ 的表达式

$$\varepsilon_{rec}=(A+B+C+D)\cdot S \tag{8-14}$$

式中,$S$ 表示接收装置的有效面积;$A,B,C$ 和 $D$ 分别代表各边切向电场沿边框的积分。

$$A=-(b-y)\int_{-a}^{a}\frac{E_\varphi}{\rho}\mathrm{d}x'$$

其中,$\rho=\sqrt{(x'-x)^2+(b-y)^2}$ 表示边框上的源点到接收点的距离。

$$B=-(a-x)\int_{-b}^{b}\frac{E_\varphi}{\rho}\mathrm{d}y'$$

其中,$\rho=\sqrt{(a-x)^2+(y'-y)^2}$。

$$C=-(b+y)\int_{-a}^{a}\frac{E_\varphi}{\rho}\mathrm{d}x'$$

其中,$\rho=\sqrt{(x'-x)^2+(b+y)^2}$。

$$D=-(a+x)\int_{-b}^{b}\frac{E_\varphi}{\rho}\mathrm{d}y'$$

其中,$\rho=\sqrt{(a+x)^2+(y'-y)^2}$。

对于圆回线,沿圆回线的发射源进行积分需要采用极坐标系,利用 $\beta$ 与 $\theta_3$ 的关系,对 $\theta_3$ 沿圆回线进行$(0,2\pi)$的积分,有

$$\varepsilon_{cir}=S\cdot\int_{0}^{2\pi}E_\varphi\cos\beta\mathrm{d}\theta_3 \tag{8-15}$$

其中

$$\cos\beta=\frac{(R_2\tan\theta_3)^2+R_1^2+R_2^2-2R_1R_2\cos\theta_3-(R_1-R_2/\cos\theta_3)^2}{2\sqrt{R_1^2+R_2^2-2R_1R_2\cos\theta_3}\cdot R_2\cdot\tan\theta_3}$$

$$\cos\theta_3=\cos(2\pi-\theta_2+\theta_1)=\cos\theta_1\cos\theta_2+\sin\theta_1\sin\theta_2$$

$$\tan\theta_3=\frac{\tan\theta_1\tan\theta_2}{1+\tan\theta_1\tan\theta_2}$$

式中,$\theta_1$ 表示 $y$ 轴与 $R$ 之间的逆时针夹角;$r$ 表示坐标原点与$(x',y')$之间的距离;$\theta_2$ 表示 $y$ 轴与 $r$ 之间的逆时针夹角。

Kaufman 和 Eaton(2001)给出了均匀全空间介质中的水平圆回线发射框中心的感生电动势

$$\varepsilon(t)=\frac{4IS}{\sqrt{\pi}r_0^3\sigma}u^5\mathrm{e}^{-u^2} \tag{8-16}$$

其中，$u=\sqrt{\dfrac{\mu\sigma r_0^2}{4t}}$，$I$ 为供电电流，$t$ 为观测时间，$\mu$ 为均匀半空间磁导率，$S$ 为接收面积，$\sigma$ 为均匀导电介质的电导率，$r_0$ 为发射圆线圈的面积。

分别利用式(8-15)和式(8-16)计算圆回线中心点的感生电动势。取介电系数为 1，计算不同时间圆回线中心点精确解和准静态近似解，计算结果如图 8-8 所示。在 $1.3\times10^{-6}$s，计算不同介电系数下的精确解和近似解，计算结果如图 8-9 所示。

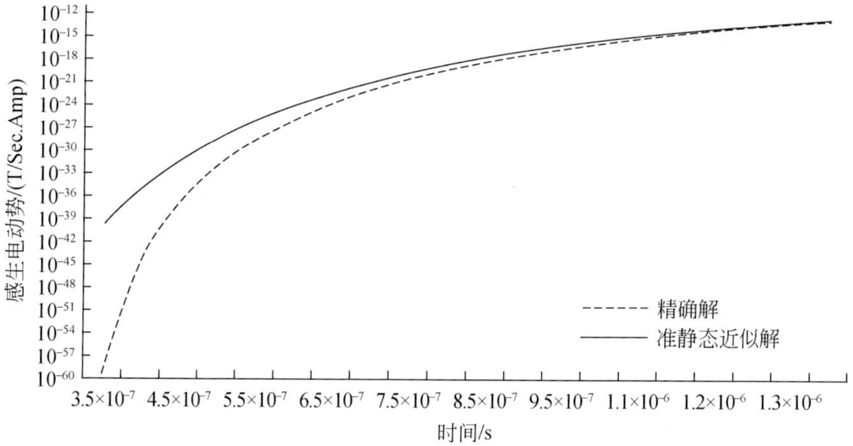


图 8-8　不同时间圆回线中心点精确解与准静态近似解的对比

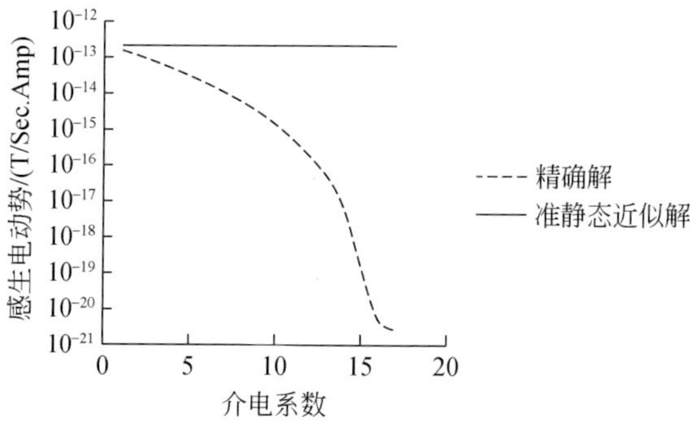


图 8-9　不同介电系数时，圆回线中心点精确解与近似解的对比

由图 8-8 可见，在甚早期阶段，准静态近似解与精确解之间差别较大，在 $3.5\times10^{-7}$s 时，精确解的数量级为 $10^{-60}$，而近似解的数量级为 $10^{-40}$，差别较大，造成这种差别的因素是位移电流。传统的准静态近似适用于大多数的低频电磁法探测，而且一般的瞬变电磁设备的使用需要考虑斜阶跃关断等的影响，甚早期时刻的响应

无法观测,准静态近似成立。随着甚早期瞬变电磁系统的研发及浅层工程勘查的发展,准静态近似已经不再适用于浅层勘查和甚早期系统,位移电流已不能忽略。

图 8-9 为不同介电系数时,圆回线中心点精确解与近似解的对比曲线,由图可见,随着介电系数的增大,位移电流的影响也在增大,精确解与近似解的差别也越来越大。不同的地下介质往往具有不同的介电性,通过介电系数的分析,为浅层瞬变电磁勘查提供一种新的参数,有利于实现瞬变电磁勘查的无盲区全覆盖。

## 8.4 小　结

本章首先将点电荷载流微元场的直接时域解与经典电磁学中的近似公式进行对比,验证公式的有效性,并在点电荷载流微元直接时域解的基础上进一步推导出实际应用中的回线源的瞬变电磁场的表达式。以圆回线为例,借助于互易定理,分别推导出圆回线一次磁场和二次磁场垂直分量的时间导数表达式,与经典电磁学中已有的结论进行对比分析。对于一次场,选取圆回线中心点和收发距远大于源尺寸两种情况进行验证;而对于二次场,在回线中心点与经典准静态近似解进行对比分析。随着甚早期瞬变电磁系统的研发及浅层工程勘查的发展,准静态近似已经不再适用于浅层勘查和甚早期系统,位移电流已不能忽略。

# 参考文献


白登海,Meju A,卢健,等.2003.时间域瞬变电磁法中心方式全程视电阻率的数值计算.地球物理学报,46(5):697-704.

郭文波,李貅,薛国强,等.2005.瞬变电磁快速成像解释系统研究.地球物理学报,48(6):1400-1405.

华军.2003.一维瞬变电磁正、反演研究.西安交通大学博士学位论文.

华军,蒋延生,汪文秉.2001.双重贝塞尔函数积分的数值计算.煤田地质与勘探,29(3):58-62.

蒋邦远.1998.实用近区磁源瞬变电磁法勘探.北京:地质出版社.

李建平,李桐林,赵雪峰,等.2007.层状介质任意形状回线源瞬变电磁全区视电阻率的研究.地球物理学进展,22(6):1777-1780.

李貅,郭文波,胡建平.2001.瞬变电磁测深快速拟地震解释方法及应用效果.西安工程学院学报,23(3):42-45.

李貅,戚志鹏,薛国强,等.2010.瞬变电磁虚拟波场的三维曲面延拓成像.地球物理学报,53(12):3005-3011.

李貅,薛国强,宋建平,等.2005.从瞬变电磁场到波场的优化算法.地球物理学报,48(5):1185-1190.

罗延钟,昌彦君.2000.G-S变换的快速算法.地球物理学报,43(5):684-690.

罗延钟,张胜业,王卫平.2003.时间域航空电磁法一维正演研究.地球物理学报,46(5):719-724.

牛之琏.2007.时间域电磁法原理.长沙:中南大学出版社.

戚志鹏,李貅.2009.大定源装置下瞬变电磁场垂直和水平分量的视电阻率定义.中国地球物理年会,中国合肥:677,678.

乔松,周锰钰,白朗.1991.勘探电磁场论.北京:中国矿业大学出版社.

孙怀凤,李貅,李术才,等.2013.考虑关断时间的回线源激发TEM三维时域有限差分正演.地球物理学报,56(3):1049-1064.

王长清,祝西里.2011.瞬变电磁场——理论与计算.北京:北京大学出版社.

王华军.2004.正余弦变换的数值滤波算法.工程地球物理学报,1(4):329-335.

王华军.2008.时间域瞬变电磁法全区视电阻率的平移算法.地球物理学报,51(6):1936-1942.

王华军,罗延钟.2003.中心回线瞬变电磁法2.5维有限单元算法.地球物理学报,46(6):855-862.

肖智润,冯郁.1991.圆电流磁场的精确表达式及圆心处的极值.江西师范大学学报(自然科学版),15(3):265-268.

熊彬.2005.大回线瞬变电磁法全区视电阻率的逆样条插值计算.吉林大学学报(地球科学版),35(4):515-519.

薛国强,李貅.2011.瞬变电磁拟地震子波宽度压缩研究.地球物理学报,54(5):1384-1390.

薛国强,宋建平,李貅,等.2004.回线源瞬变电磁成像的理论分析及数值计算.地球物理学报,

47(2):338-343.

薛国强,李貅,底青云,等. 2006a. 从瞬变电磁扩散场向平面波场的等效转换. 地球物理学报,49(5):1539-1545.

薛国强,李貅,宋建平. 2006b. 从瞬变电磁测深数据向平面波场数据的等效转换. 地球物理学报,49(5):1539-1545.

薛国强,王凯,杨建国. 2007. 大回线源瞬变电磁响应特性. 石油地球物理勘探,42(5):586-590.

薛国强,闫述,周楠楠. 2011. 偶极子假设引起的大回线源瞬变电磁响应偏差分析. 地球物理学报,54(9):2389-2396.

闫述,陈明生,傅君眉. 2002. 瞬变电磁场的直接时域数值分析. 地球物理学报,45(2):275-284.

闫述,薛国强,陈明生. 2011. 大回线源瞬变电磁响应理论研究回顾及展望. 地球物理学进展,26(3):941-947.

杨云见,何展翔,王绪本,等. 2008. 直流电测深法与中心回线瞬变电磁法联合反演. 物探与化探,32(4):442-444.

周楠楠,薛国强. 2012. 瞬变电磁勘查中圆回线模拟方形回线的误差分析. 物探与化探,36(增刊):57-60.

周楠楠,薛国强,孔祥儒. 2012a. 电性源瞬变电磁响应计算中的误差研究. 物化探计算技术,34(6):640-646.

周楠楠,薛国强,苏艳平. 2012b. 大回线源瞬变电磁接收装置的改进. 物探与化探,36(1):89-93.

周楠楠,薛国强,李梅芳,等. 2011. 基于电偶极子近似的多边形回线源瞬变电磁响应. 煤田地质与勘探,39(4):49-54.

Anderson W L. 1975. Improved Digital Filter for Evaluating Fourier and Hankel Transform Integrals. Nat. Tech. Inf. Serv. Rep. PB-242-800.

Anderson W L. 1979. Numerical integration of related Hankel transforms of order 0 and 1 by adaptive digital filtering. Geophysics,44(7):1287-1305.

Banos A. 1966. Dipole Radiation in the Presence of a Conducting Half- space. New York: Pergamon Press.

Bomer R U, Ernst O G, Spitzer K. 2008. Fast 3-D simulation of transient electromagnetic fields by model reduction in the frequency domain using Krylov subspace projection. Geophysics Journal International, 173:766-780.

Chave A D. 1983. Numerical integration of related Hankel transforms by quadrature and continued fraction expansion. Geophysics,48(12):1671-1686.

Cole R. 1994. Simulation and visualization: improving our understanding of dipole radiation. Antennas & Propagation Society International Symposium, 1:87-93.

Commer M, Newman G. 2004. A parallel finite- difference approach for 3D transient electromagnetic modeling with galvanic sources. Geophysics,69(5):1192-1202.

Deun J V, Cools R. 2007. Note on "electromagnetic response of a large circular loop source on a layered earth: A new computation method" by N. P. Singh and T. Mogi. Pure and Applied Geophysics, 164 (2007):1107-1111.

Epov M I, Shurina E P, Nechaev O V. 2007. 3D forward modeling of vector field for induction logging problems. Russian Geology and Geophysics,48:770-774.

Erdelyi A. 1954. Tables of Integral Transorms. McGraw-Hill Book Co.

Gaver D P. 1966. Observing stochastic processes and approximate transform inversion. Operations Research,14:444-459.

Geozalez J M. 1979. Test of time-domain electromagnetic exploration for oil and gas. Colorado:Colorado School of Mines.

Ghosh D P. 1971. The application of linear filter theory to the direct interpretation of geo-electrical resistivity sounding measurements. Geophysical Prospecting,19(2):192-197.

Goldman M M,Fitterman D V. 1987. Direct time-domain calculation of the transient response for a rectangular loop over a two-layer medium. Geophysics,52:997-1006.

Guo W B, Xue G Q, Li X, et al. 2012 . Correlation analysis and imaging technique of TEM data. Exploration Geophysics,43:137-148.

Guptasarma D. 1982. Computation of the time-domain response of a polarizable ground. Geophysics,47(11):1574-1576.

Guptasarma D. 1997. New digital linear filters for Hankel J0 and J1 transforms. Geophysical Prospecting,45:745-762.

Haines G V,Jones A G. 1988. Logarithmic Fourier transformation. Geophysical Journal of the Royal Astronomical Society,92:171-178.

Hobbs B,Ziolkowski A,Wright D. 2005. Multi-transient electromagnetics(MTEM)-controlled source equipment for subsurface resistivity investigation. 18th IAGA WG,1:17-23.

Hordt A, Muller A. 2000. Understanding LOTEM data from mountainous terrain. Geophysics,65(4):1113-1123.

Johansen H K. 1979. Fast Hankel transform. Geophysical Prospecting,27:876-901.

Kauahikaua J. 1978. Electromagnetic fields about a horizontal electric wire source of arbitrary length. Geophysics,43:1019-1022.

Kaufman A A,Keller G V. 1983. Frequency and Transient Soundings. Houston:Elsevier.

Kaufman A A,Eaton P A. 2001. The Theory of Inductive Prospecting. Amsterdan:Elsevier.

Kuo J T,Cho D H. 1980. Transient time-domain electromagnetic. Geophysics,45(2):271-291.

Lee S,Memechan G A. 1987. Phase-field imaging:The electromagnetic equivalent of seismic migration. Geophysics,52(5):678-693.

Lee T,Lewis R. 1974. Transient response of a large loop on a layered ground. Geophysical Prospecting, 22:430-444.

Lee T J, Suh J h, Kim H J, et al. 2002. Electromagnetic traveltime tomography using approximate wavefield transform. Geophysics,67(1):68-76.

Li J H,Zhu Z Q,Liu S C,et al. 2011. 3D numerical simulation for transient electromagnetic field excited by central- loop based on vector finite element method. Journal of Geophysics and Engineering, 8(4):560.

Li X,Xue G Q, Song J P, et al. 2005. Application of the adaptive shrinkage genetic algorithm in the feasible region to TEM conductive thin layer inversion. Applied Geophysics, 2(4):204-210.

Maao F A. 2007. Fast finite-difference time-domain modeling of marine-subsurface electromagnetic problems. Geophysics,72(2):19-23.

Martin R G,Bretones A R,Garcia S G. 1999. Some thoughts about transient radiation by straight thin wires. IEEE Antennas and Propagation Magazine,41(3):24-33.

Morrison H F,Phillips R J,Brien D. 1969. Quantitative interpretation of transient electromagnetic fields over a layered half space. Geophysical Prospecting,1(17):82-101.

Mulder W A,Wirianto M,Slob E C. 2008. Time-domain modeling of electromagnetic diffusion with a frequency-domain code. Geophysics,73,(1):1-8.

Nabighian M N. 1991. Electromagnetic Methods in Applied Geophysics. Volume 1. Tusla:Society of Exploration Geophysicists.

Newman G A,Hohmann G W. 1988. Transient electromagnetic response of high-contrast prisms in a layered earth. Geophysics,53(5):691-706.

Newman G,Hohmann G,Anderson W. 1986. Transient electromagnetic response of a three-dimensional body in a layered earth. Geophysics,51:1608-1672.

Nissen J, Enmark T. 1986. An optimized digital filter for the Fourier transform. Geophysical Prospecting,34:897-903

Poddar M. 1982. A rectangular loop source of current on a two-layered earth. Geophysical Prospecting, 30:101-114.

Poddar M. 1983. A rectangular loop source of current on multilayered earth. Geophysics, 48 ( 1 ): 107-109.

Raiche A P. 1987. Transient electromagnetic field computations for polygonal loops on layered earths. Geophysics,52(6):785-793.

Raiche A P,Spies B R. 1981. Coincident-loop transient electromagnetic master curves for interpretation of two-layer earths. Geophysics,46:53-64.

Rijo L. 1993. An optimized digital filter for the cosine transform. Revista Brasileira de Geofisica,10: 7-20.

Sanfilipo W A, Hohmann G W. 1985. Integral equation solution for the transient electromagnetic response of a three-dimensional body in a conductive half-space. Geophysics,50(5):798-809.

Sasaki Y,Hiroomi N. 2004. Inversion of airborne EM data accounting for terrain and inaccurate flight height. SEG Technical Program Expanded Abstracts:648-651.

Singh N P,Mogi T. 2003. EMLCLLER—A program for computing the EM response of a large source over a layered earth model. Computers Geosciences,29(10):1301-1307.

Singh N P,Mogi T. 2005. Electromagnetic response of a large circular loop source on a layered earth:A new computation method. Pure and Applied Geophysics,162(1):181-200.

Singh N P,Utsugi M,Kagiyama T. 2009. TEM response of a large loop source over a homogenous earth model:A generalized expression for arbitrary source-receiver offsets. Pure and Applied Geophysics, 166(12):2037-2058.

Slob E,Hunziker J,Mulder W A. 2010. Green' s tensors for the diffusive electric field in a VTI half-space. Progress In Electromagnetics Research,107:1-20.

Spies B R. 1989. Depth of investigation in electromagnetic sounding method. Geophysics,54:872-888.

Stalnaker J. 2004. A finite element approach to the 3D CSEM modeling problem and applications to the study of the effect of target interaction and topography College Station:Texas A&M University.

Stehfest H. 1970. Numerical inversion of Laplace transforms. Communications of the ACM,13:47-49.

Strack K M,Luschen E,Kota A W. 1990. Long-offset transient electromagnetic depth soundings applied to crustal studies in the Black Forest and Swabian Alps. Federal Republic of Germany Geophysics,55 (7):834-842.

Swidinsky A, Edwards R N. 2009. The transient electromagnetic response of a resistive sheet: Straightforward but not trivial. Geophysics Journal International,179:1488-1498.

Talman J D. 1978. Numerical Fourier and Bessel transforms in logarithmic variables. Journal of Computational Physics,29:35-48.

Thide B. 2012. Electromagnetic Field Theory. Dover Publications.

Um E S,Harris J M,Alumbaugh D L. 2010. 3D time-domain simulation of electromagnetic diffusion phenomena:A finite-element electric-field approach. Geophysics,75(4):115-126.

Wang T, Hohmann G W. 1993. A finite-difference, time-domain solution for three-dimensional electromagnetic modeling. Geophysics,58(6):797-809.

Wang T,Tripp A C, Hohmann G W. 1995. Studying the TEM response of a 3-D conductor at a geological contact using the FDTD method. Geophysics,60(4):1265-1269.

Weir G J. 1980. Transient electromagnetic fields about an infinitesimal long grounded horizontal electric dipole on the surface of a uniform half-space. Geophysical J. Roy. Astr. Soc,61:41-56.

Weng C C. 1995. Waves and fields in inhomogeneous media. New York:IEEE Press.

Wolfgram P, Sattel D, Christensen N B. 2003. Approximate 2D inversion of AEM data. Exploration Geophics,34:29-33.

Wright D,Ziolkowski A,Hobbs B. 2002. Hydrocarbon detection and monitoring with a multicomponent transient electromagnetic(MTEM)survey. The Leading Edge,21(9):852-864.

Xue G Q,Li X. 2012. Physical simulation and application of a new TEM configuration. Enviromental Earth Sciences,67:1291-1298.

Xue G Q,Yan Y J,Li X. 2007a. Pseudo-Seismic Wavelet Transformation of transient electromagnetic Response in geophysical exploration. Geophysical Research Letters,34:L16405.

Xue G Q,Yan Y J,Li X. 2007b. Transient electromagnetic S-inversion in tunnel prediction. Geophysical Research Letters,34:L18403.

Xue G Q,Yan Y J,Li X. 2011. Control of wave-form dispersion effect and applications in TEM imaging technique for identifying underground objects. Journal of Geophysics and Engineering, 8 (3): 195-201.

Xue G Q,Bai C Y,Li X. 2012a . Extracting virtual reflection wave from TEM data based on regularizing method. Pure and Applied Geophysics,69(7):1269-1282.

Xue G Q,Bai C Y,Yan S. 2012b. Deep sounding TEM investigation method based on a modified fixed central-loop system. Journal of Applied Geophysics,76:23-32.

Xue G Q,Zhou N N,Chen W Y,et al. 2013. Research on the application of a 3-m transmitter loop for

TEM survey in mountainous areas. Journal of Environmental and Engineering Geophysics, 70: 2263-2270.

Yan L J, Su Z L, Hu J H, et al. 1997. Field trials of LOTEM in a very rugged area. The Leading Edge, 16(4):379-382.

Zhdanov M S. 2010. Electromagnetic geophysics: notes from the past and the road ahead. Geophysics, 75(5):49-66.

Zhdanov M S, Wannamaker P E. 2002. Three-dimensional Electromagnetic: Proceedings of the Second International Symposium. Amsterdam: Elsevier.

Zhou N N, Xue G Q. 2014. The ratio apparent resistivity definition of rectangular-loop TEM. Journal of Applied Geophysics, 103(2):152-160.

Zhou N N, Xue G Q, Wang H Y. 2013. Comparison of the time-domain electromagnetic field from an infinitesimal point charge and dipole source. Applied Geophysics, 10(3):349-356.

Ziolkowski A. 2007. Marine EM exploration: U S, 12/310, 471.

Ziolkowski A. 2010. Short-offset transient electromagnetic geophysical survey: US, 0211367.